# 十字に交わる
# 「波」と「波」は円になる
## 物理学最大の夢の統一理論をつかまえて

早坂 好史
*Hayasaka Koji*

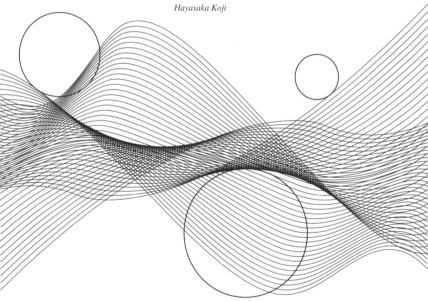

文芸社

## はじめに

　今すぐに、私たち人類が本気で全力で解決しなければならない問題が3つあります。

　第1の問題は、石炭、石油、ガソリン、ガス、ウラン、プルトニウムに代わる清潔で安全なエネルギーを、大量に、永久に、安定して、安い料金で確保するにはどうしたらいいのか。もっと言えば、無料で大量に永久に安定して得られるようにするにはどうしたらいいのか、という問題です。

　原子力発電所は、地震が多発する地域では安全とは言えません。無料ではなく、安い料金とも言えません。

　地震などで原子力発電所が壊れたら、放射能を周囲にまき散らし、数え切れないほど長期間、近寄れなくなります。広い範囲が長期間住めなくなります。数え切れないほど多くの人たちは、原子力発電所から遠くへ逃げることしかできません。被爆者は健康ではなくなります。それどころか、生きるか死ぬかの問題です。

　老朽化した原子力発電所の廃炉・解体も、かなり面

3

倒で大変です。

　原子力発電所というのは、最終的にはかなり高い買い物になるのです。


　第2の問題は、酸性雨、地球温暖化、異常気象、海洋汚染、海水温度上昇などの環境の悪化をどのようにして防止するか、という問題です。

　地球温暖化の影響で、記録的な大雨、大洪水、暴風が年々増加し、凶暴化して大災害が繰り返して発生しています。

　地球はものすごく熱くなってきています。猛暑の日には、クーラーのない部屋で、熱中症で死亡する人たちが多くいます。真夏に災害による停電が起こり、クーラーが動かなくなれば、熱中症で死亡する人が多発します。

　災害により大規模な停電が起これば、クーラーだけではなく、電気製品は全て動かなくなります。停電しても自分の力で発電して動く電気製品は、まだありません。

　電動ポンプが動かないと水道も止まります。風呂にも入れません。水洗トイレも流せません。洗濯もでき

ません。電動ポンプが動かないと、ガソリンスタンド
もガソリンを提供できません。

　携帯電話の基地局が停電すれば、携帯電話も使えま
せん。パソコンも動きませんし、インターネットにも
つながりません。冷蔵庫も冷やせませんから、食べ物
を保存できません。電子レンジも使えませんから、食
べ物を温められません。

　ビルではエレベーターが止まります。高層マンショ
ンでも、住民は階段を利用しなければならなくなりま
す。しかし、足腰の弱い人は階段昇降ができないので、
部屋の中に居残るしかありません。陸の孤島になりま
す。

　電気で動く医療機器、福祉機器なども動きません。
これは生きるか死ぬかの問題になります。

　災害による停電が長期化すると、私たちは生きてい
くのが極めて厳しい過酷な状況に置かれます。人間だ
けでなく、牛、豚、鶏などの動物や、水槽の中の魚な
ども同じです。

　環境の悪化は、生き物たちの絶滅の危機の始まりで
す。山も川も海も平野も、どこもかしこもすでに安全
ではなくなりました。このままでは、私たちはどこに

も住めなくなります。

　第3の問題は、宗教が異なる人たちが争い合わず、仲良く生活していくにはどうしたらいいのか、という問題です。

　私は、これら3つの問題を解決するために「交わる波と波」という考え方を提案します。
　本書の前半は、発電の問題と地球環境の悪化の問題を解決するために、物理学の話をいたします。
　私は「交わる波と波」という考え方で、物理学の最大の夢である「統一理論」の尻尾をつかまえたと思います。ご批判いただければ幸いです。
　後半は、「交わる波と波」という考え方が、宗教が異なる人たちの争いを止めることができる可能性がある、ということを説明いたします。
　本書の「交わる波と波」という考え方を通じて、悩める人類の3つの問題を解決できる可能性があるということを提案いたします。

# 目 次
## CONTENTS

# 1

# 「交わる波と波」の
# 基本説明

この世の森羅万象を、たった1枚の図で表現できれば、それはすばらしいことです。

　マンダラの図がまず思いつきます。しかし、私はマンダラの図とは違う、別の1枚の図を提案いたします。この1枚の図で、物理学から宗教のことまで、いろいろと考えてみたいと思います。

　図1は、「交わる波と波」を表現している基本的な図です。東・西・南・北・天・地の空間において、東西を軸として進行する「波」と、南北を軸として進行する「波」が、天地を軸とする中心点で十字に交わると、天地の軸を中心とする「円」になる、という表現です。

　中央の六角形の模様は後半で説明しますので、今は考えなくて結構です。

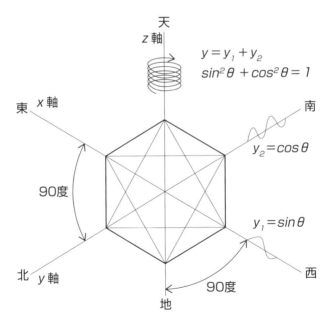

図1　基本図

さて、東・西・南・北・天・地の空間において、十字に交わる「波」と「波」とが「円」になる、ということはどういうことでしょう？　それを説明いたします。

　東・西・南・北・天・地の空間とは、つまり、$x$軸、$y$軸、$z$軸が、それぞれ90度で交わる空間のことです。

　この空間の中では、「波」の重なりの法則は、「一つの媒質に同時に二つの波が、伝わっているときは、媒質のそれぞれの点は、それぞれの波による振動を同時におこない、振動は合成されるため、合成波の変位$y$は、それぞれの単独の波による変位$y_1$と$y_2$の代数の和に等しい」（『親切な物理』渡辺久夫　正林書院より）

　となりますので、$y_1 = sin\,\theta$ の「波」と、$y_1$から90度ずれている$y_2 = cos\,\theta$ の「波」との合成波$y$は、$y = y_1 + y_2$となり、その答えは、$sin^2\,\theta + cos^2\,\theta = 1$となります。

　これは「円」の公式です。

　つまり、「波」が連続して十字に交わることで、交わった点を中心に、図2のような連続した円運動、または図3と図4のような連続した螺旋運動、または図

5と図6のような連続した渦巻き運動を描くと考えられるということです。

　また、これらは「波」の振幅、周期、振動数、波長、進行速度、進行方向など、「波」を構成する要素が異なる場合の「波」や、「波」と「波」の位相の差、「波」と「波」とが交わる角度が異なる場合などの組み合わせによっては、円運動ではなく、楕円運動、ま

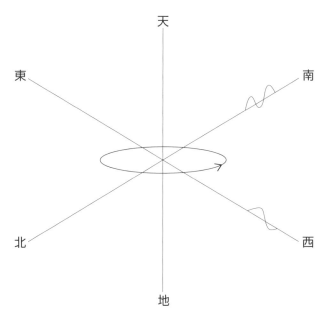

図2　連続した円運動

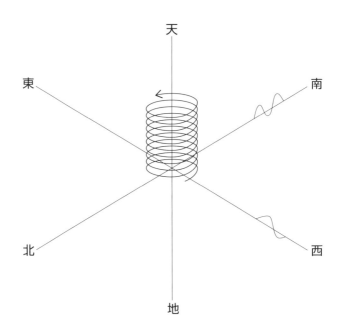

図3　天へ連続しながら進行する螺旋運動

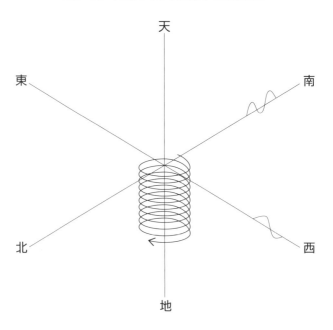

図4　地へ連続しながら進行する螺旋運動

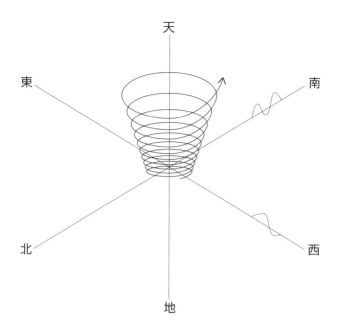

図5　天へ連続しながら進行する渦巻運動

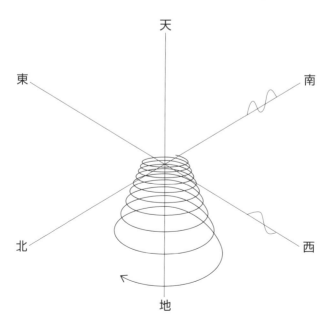

図6　地へ連続しながら進行する渦巻運動

たは楕円の連続した螺旋運動、または楕円の連続した渦巻き運動を描くと考えられます。

　さらに、それらいろいろな運動を描く線は、きれいな線だけでなく、図7のように、縄跳びの縄の端を上下または左右に繰り返し振動した、ゆがんだ線を描くような運動もあると考えられます。

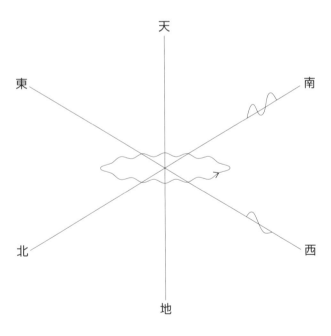

図7　ゆがんだ線を描く運動

　また、これらの円運動、楕円運動、渦巻き運動の中心となる軸の角度方向も、天地を結ぶ1種類の角度だけでなく、360度あらゆる方向へ向くと考えられます。
　たとえば図8のように、東西を軸として進行する「波」と、天地を軸として進行する「波」が、南北を軸とする点で交わると、南北を軸の中心とするいろい

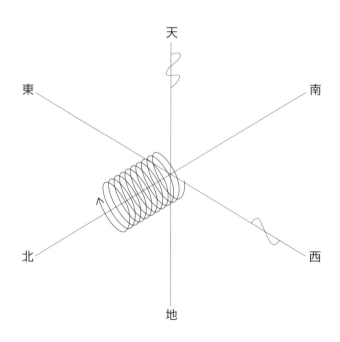

図8　南北の軸を中心とする運動

ろな円運動、楕円運動、渦巻き運動が描けます。

　そして、これらのいろいろな円運動、楕円運動、渦巻き運動は、右回りにも、左回りにもなります。

　天地を軸の中心とするいろいろな円運動、楕円運動、渦巻き運動は、図3と図5のように、天の方向へ回転しながら螺旋のように進行したり、渦巻きのように進行したりします。図4と図6のように、地の方向へ回転しながら螺旋のように進行したり、渦巻きのように進行したりもします。

　これらのいろいろな円運動、楕円運動、渦巻き運動の回転する速度と半径も、螺旋のように進行する速度と半径と1回転で進行する距離も、渦巻きのように進行する速度と半径と1回転で進行する距離も、1種類ではなく、「交わる波と波」のそれぞれの「波」を構成する要素によって、いくつもの種類の速度と半径と1回転で進行する距離が得られます。

　つまり、「交わる波と波」のそれぞれの「波」を構成する要素を変化させることで、円運動、楕円運動、螺旋のように進行する運動、渦巻きのように進行する運動などの、それぞれの速度と半径と、1回転で進行する距離を、自由に変化させることができるのです。

　図2のような円運動から、図3のような天の方向へ回転しながら螺旋のように進行する運動へと変化させて、再度、図2のような円運動へ戻したり、図4のような地の方向へ回転しながら螺旋のように進行する運動へ変化させたりすることも自由にできます。

　これらの「交わる波と波」が発生させる運動は、「波が伝わる場合、波形は、ある方向に進行するが、媒質のそれぞれの点は進行しないで振動している。このとき媒質の一点の振動エネルギーは、波動という振動が伝わる現象により他の部分に伝わる」（『親切な物理』より）

　という法則から、円運動、楕円運動、螺旋のように進行する運動、渦巻きのように進行する運動などは、それぞれエネルギーを持っていることになります。

　また、これらの円運動、楕円運動、螺旋のように進行する運動、渦巻きのように進行する運動が発生することで、周囲に磁気力の働いている場所、すなわち「磁界」ができることも考えられます。

以上、「交わる波と波」の数が2つの場合について説明いたしましたが、「交わる波と波」の数が3つ以上の場合もあり得ると考えられます。しかしこれは複雑な話となり、混乱を招いて理解しにくくなると思いますので、今回は「交わる波と波」の数が3つ以上の場合については省略させていただきます。

　また、「波」と「波」が重なることで打ち消し合うこともありますし、ハウリングと呼ばれるような増幅をすることもあります。しかしこれも複雑な話となるため、本書では省略させていただきます。

# 2

# 電磁力について
# 考える

次に、あらゆるレベルの空間と場において、それぞれに「交わる波と波」が存在すると仮定して、これまで観測されている自然現象のうちで、まだ説明されていないことを私なりに説明してみたいと思います。

　また、すでに説明されている自然現象においても、その説明が疑問に思える部分を指摘してみたいと思います。

　まず電磁力について、『親切な物理』には、図9と
ともに次のように記されています。
「電流は周囲に磁界をつくり磁針を動かす。もしも、
この磁石が固定され、電流を流す針金が動きやすくし
てあるならば、逆に針金が動かされる」
　ここまでは観測事実です。次に、この観測事実につ
いて以下のように説明してあります。
「このように磁界の中にある電流は、磁界により力を
受ける。電流と磁界との間に働く力を、電磁力という。
次のフレーミングの左手の規則により電流が受ける力
の方向を示す」

　フレーミングの左手の規則とは、
「左手の親指、人差し指、中指、を直角に開き、中指
を電流 i の方向に向け、人差し指を磁束 B の方向に向
けると、親指は、電流が受ける力 F の方向を示す」
　と記されています。
　しかし、私はこの説明では納得できません。満足で
きません。そこで、この「針金が動かされる」という
観測事実を、「交わる波と波」を使って、私なりに説

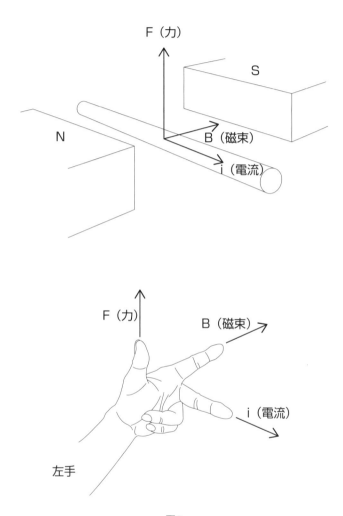

図9

明してみたいと思います。

　磁束と電流の関係については、

「コイルをつらぬく磁束が変化すれば、コイルに電流を流す起電力が誘導される」（『親切な物理』より）

　というファラデーの法則があります。コイルに磁石を出したり入れたりすると、電流を流す起電力が誘導されるということです。これは、磁束が増減することで電流が生まれるということです。

　また、磁束の増減がなければ電流は生まれないということでもあります。そして、この磁束の増減が周期的ならば、電流の変化も周期的な増減になります。周期的な増減を「波」と呼ぶので、このとき磁束は「波」であり、電流も「波」であると言えます。

　磁束から電流が生まれ、電流から磁束が生まれる関係ですから、磁束と電流は兄弟姉妹の関係です。赤の他人の関係にはないことがわかります。磁束と電流は、別々の世界に生きているのではなく、同じ世界に生きる「波」と「波」であることがわかります。

　図10のように、東西の軸を東から西へ進行する電流の「波」と、南北の軸を北から南へ進行する磁束の

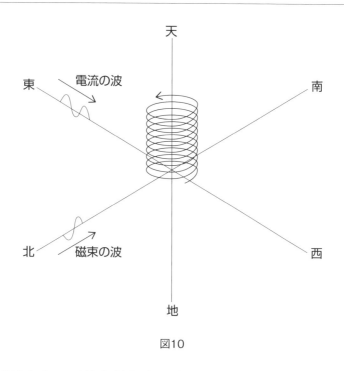

図10

「波」が、天地を軸とする点で十字に交わると、天地の軸を中心とする回転運動が発生します。

　観測事実から、この回転運動は地から天へ連続しながら進行する螺旋運動、または渦巻き運動であると考えられます。この、地から天へ連続しながら進行する螺旋運動の力、または渦巻き運動の力によって、針金が動かされる、と私なりに説明できます。

　このことから、『親切な物理』に記されている、「電

流が受ける力」という部分が、私には疑問です。本当に電流が力を受けているのでしょうか？

　私は、力を受けているのは電流ではなくて、針金であると考えます。

　つまり、電流の「波」と磁束の「波」が十字に交わることで発生する、地から天へ連続しながら進行する螺旋運動の力、または渦巻き運動の力によって、針金が力を受けて動かされるということです。ですから、電磁力についての前出の参考図書の説明を、私は次のように考えます。

「電流は周囲に磁界をつくり磁針を動かす。もしも、この磁石が固定され、電流を流す針金が動きやすくしてあるならば、逆に針金が動かされる。このように磁界の中を進行する磁束の『波』と、針金の中を進行する電流の『波』とが十字に交わると、回転運動、または連続しながら進行する螺旋運動、または連続しながら進行する渦巻き運動を発生させる。図10の場合、発生する回転運動は、地から天へ連続しながら進行する螺旋運動、または渦巻き運動であると考えられる。このとき、電流を流している針金は、地から天へ連続しながら進行する螺旋運動の力、または渦巻き運動の

力を受けて動かされる。電流と磁界との間に働く力を、電磁力という。つまり電磁力とは、磁界の中を進行する磁界の『波』と、針金の中を進行する電流の『波』とが、十字に交わることにより発生する回転運動の力、または連続しながら進行する螺旋運動の力、または連続しながら進行する渦巻き運動の力のことである」

　以上、本項では、参考図書の「電流が受ける力」という部分について、私なりに「電流ではなく『針金』が力を受けるのだ」と説明し直しました。

　また、針金が動かされるという観測事実についても、「交わる波と波」を使って私なりに説明し直しました。

　電磁力についての定義も、「電磁力とは、磁界の中を進行する磁束の『波』と、針金の中を進行する電流の『波』とが、十字に交わることにより発生した回転運動の力、または連続しながら進行する螺旋運動の力、または連続しながら進行する渦巻き運動の力のことである」と説明しました。

# 3

# 天体が自転すること
# について考える

次に、天体が自転することについて考えてみ
たいと思います。

　天体自身の持つ軸を中心にして回転していることを「自転」と呼ぶことは知られています。太陽系にある、自転しているおもな天体は、太陽、水星、金星、地球、火星、木星、土星、天王星、海王星、冥王星です。

　表1のように、それぞれの天体は、それぞれ別の自転周期と、それぞれ別の赤道傾斜角を持って自転しています。自転周期とは、天体が自転するときの回転速度によって、1回転するのに何日かかるかということです（地球の1日・24時間を基本にしている）。赤道傾斜角とは、天体の自転軸の傾斜角度のことです。

| | 質量（地球＝1） | 赤道傾斜角（度） | 自転周期（日） | 対恒星平均周期（太陽年） |
|---|---|---|---|---|
| 太陽 | 332946. | 7.15 | 25.38 | |
| 水星 | 0.055 | 〜0 | 58.65 | 0.2409 |
| 金星 | 0.815 | 177.3 | 243.01 | 0.6152 |
| 地球 | 1.000 | 23.44 | 0.9973 | 1.0000 |
| 火星 | 0.107 | 25.19 | 1.0260 | 1.8809 |
| 木星 | 317.832 | 3.1 | 0.414 | 11.862 |
| 土星 | 95.16 | 26.7 | 0.444 | 29.458 |
| 天王星 | 14.50 | 97.9 | 0.649 | 84.022 |
| 海王星 | 17.22 | 29.6 | 0.768 | 164.774 |
| 冥王星 | 0.0022 | 121.9 | 6.387 | 247.796 |

表1　天体の定数表（「理科年表」1990より）

また、図11にあるように、太陽系にあるおもな天体の中で、金星の自転だけは他の天体と異なり、反対方向に回転していることが知られています。

　ところが、このような観測事実がありながら、なぜそれぞれの天体はそれぞれ別の自転をするのか説明されていません。赤道傾斜角と自転周期がどのようにして決定されているのかも説明されていません。

　そこで、宇宙空間に「交わる波と波」が存在すると仮定して、なぜそれぞれの天体がそれぞれ別の自転をするのか、また赤道傾斜角と自転周期がどのようにして決定されているのかを、私なりに説明したいと思います。


　図12のように、東・西・南・北・天・地の空間の中央に天体があるとします。

　天体の中心を通る東西を軸として進行する「波」と、南北を軸として進行する「波」が、天地を軸とする点で十字に交わると、天地の軸を中心とする回転運動が発生します。

　この回転運動の半径が天体の半径よりも小さい場合は、回転運動の力によって、天体は天地の軸を中心と

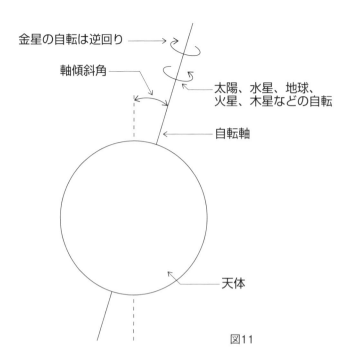

金星の自転は逆回り

軸傾斜角

太陽、水星、地球、
火星、木星などの自転

自転軸

天体

図11

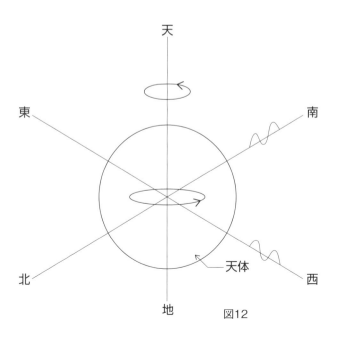

天

東

南

北

西

地

天体

図12

して回転します。

　これが天体の自転である、と説明できます。

　そして、「交わる波と波」が発生させる回転運動には、右回りと左回りがあるので、天体の自転方向も右回りと左回りがあります。

　金星の自転が他の天体と異なり反対方向に回転しているのもそのためである、と説明できます。

　これらのことから、赤道傾斜角と自転周期を決定するのは、天体の質量や、「交わる波と波」のそれぞれの「波」の振幅、周期、振動数、波長、進行速度、進行方向などといった波を構成する要素や、「波」と「波」の位相の差、「波」と「波」とが交わる角度が異なる場合などの組み合わせによって決定される、と説明できます。

　つまり、太陽、水星、金星、地球、火星、木星、土星、天王星、海王星、冥王星が、それぞれ別の自転周期を持って自転しているのは、それぞれの天体がそれぞれ別の「交わる波と波」の組み合わせによって自転しているためなのです。

# 4

# 天体の自転が
# 変化することに
# ついて考える

次に、もう少し具体的に、これら天体の自転周期や回転方向、赤道傾斜角など、天体の自転が変化することについて、宇宙空間に「交わる波と波」が存在すると仮定して、私なりに説明してみたいと思います。

　地球を例にして、天体の自転が変化することについて考えてみます。

　図13のように、東・西・南・北・天・地の空間の中央に地球があるとします。ここでは天地の軸が北極と南極の軸とします。地球はその北極と南極の軸を中心として、24時間かけて1回転しています。

　これは、東西を軸として進行する「波」と、南北を軸として進行する「波」が、北極と南極を軸とする点で十字に交わることで、北極と南極の軸を中心とする、24時間に1回転する回転運動が、安定して規則正しく連続して発生していると考えることができます。

　またこれは、東西を軸として進行する「波」と、南北を軸として進行する「波」そのものが、安定して規則正しく連続して発生していると考えることができます。

　今、何らかの理由で、東西を軸として進行する「波」と、南北を軸として進行する「波」の進行速度が2倍になったとします。すると、十字に交わる「波」と「波」が発生させる回転運動の回転速度も2倍になります。つまり地球の回転速度は2倍になり、12時間で1回転することになります。1日が12時間になるのです。

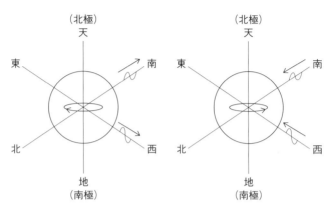

24時間で1回転逆向き

24時間で1回転

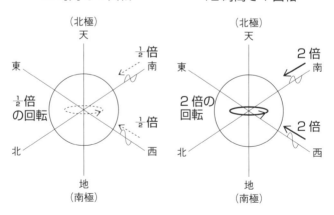

48時間で1回転

12時間で1回転

図13

　また、何らかの理由で、東西を軸として進行する「波」と、南北を軸として進行する「波」の進行速度が半分に落ちたとします。すると十字に交わる「波」と「波」が発生させる回転運動の回転速度も半分に落ち、地球は48時間で1回転することになります。1日が48時間になるのです。

　そして、何らかの理由で、東西を軸として進行する「波」と、南北を軸として進行する「波」の進行速度が、不安定で不規則になり、2倍になったり半分に落ちたりすれば、十字に交わる「波」と「波」とが発生させる回転運動の回転速度も不安定で不規則になり、2倍になったり半分に落ちたりします。地球の回転速度も不安定で不規則になり、2倍になったり半分に落ちたりし、12時間で1回転したり、48時間で1回転したりすることになります。1日が、あるときは12時間、またあるときは48時間になったりするわけです。

　また、何らかの理由で、東西を軸として進行する「波」と、南北を軸として進行する「波」の進行方向が逆になったとき、十字に交わる「波」が発生させる回転運動の回転方向も逆になります。この結果、地球は逆回転することになります。太陽が東から昇るので

はなく、西から昇って東へ沈むように見えることになるのです。

　では、何らかの理由で、東西を軸として進行する「波」と、南北を軸として進行する「波」が停止するか、どちらか一方の「波」が消えるなどして、十字に交わる「波」と「波」とが回転運動を発生させなくなった場合はどうなるでしょう？　そう、地球は回転しなくなります。

　もしも宇宙に自転しない天体があるとすれば、それはその天体において、交わる「波」と「波」が回転運動を発生させていないから、回転しない、自転しないのだと説明できます。

　あるいは、交わる「波」と「波」がその天体を回転させるだけの強さの回転運動を発生させていないから、回転しない、自転しない。または、交わる「波」と「波」が発生させる回転運動の力を受け取れない性質の物質でその天体が成り立っているから、回転しない、自転しないとも説明できます。

　次に、図14のように、何らかの理由で、東西を軸として進行する「波」と、南北を軸として進行する「波」が、左回りの方向に45度ずれてしまった場合にはどうなるかといいますと、交わる「波」と「波」は天地から45度ずれた軸を中心とする回転運動を発生します。つまり、北極と南極を軸として回転していた地球が、日本とアルゼンチン付近を軸として回転する

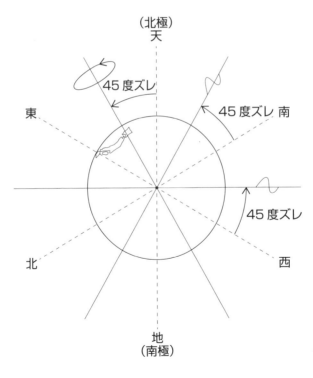

図14

ようになるのです。当然、赤道もずれてしまいますし、日本からは太陽が昇る位置も沈む位置も、太陽の動き自体も、今までとは違うように見えることになります。

　このように、地球などの天体の自転周期、回転方向、赤道傾斜角などの自転が変化することについては、「交わる波と波」、それぞれの「波」の振幅、周期、振動数、波長、進行速度、進行方向などや、「波」と「波」の位相の差、「波」と「波」とが交わる角度が異なる場合など、「波」を構成するいろいろな要素が変化することによって発生することがわかります。

　つまり、「交わる波と波」、それぞれの「波」を構成する要素が変化すれば、地球などの天体の自転周期、回転方向、赤道傾斜角などが変化することがあり得ることになるのです。

# 5

# 地球と月の磁気に
# ついて考える

次に、地球と月の磁気について考えてみたい
と思います。

　『SPACE ATLAS──宇宙のすべてがわかる本』（河島信樹監修　PHP研究所）には、図15とともに、地球の磁気について次のように記されています。

　「地球磁場は球形磁石だが、その分布は地球の中心に無限に小さくて、しかも強力な磁石（ＮとＳが極端にくっついた磁石）を置いた場合と同じように表現される。このような磁場を『双極子磁場』と呼んでいる。地球の場合この双極子磁場の軸の方向が地球の回転軸と一致せず11度のずれがある」

　「また地磁気の方向は水平ではなく、もし磁針を重心で支えたとすると、北半球ではＮ極が下を向き、南半球ではＳ極が下を向くことになる。この傾きの角度を『伏角〈ふっかく〉』という。伏角は赤道付近で0度だが、高緯度になるほど大きくなる。日本付近での伏角は50度前後である」

　「地磁気は赤道付近では弱く高緯度ほど強くなる」

　「過去の地磁気を調べる学問を、古地磁気学という。近年この分野の研究によって過去10億年の間に地磁気のＮ極とＳ極が100回以上にわたって逆転していることがわかった」

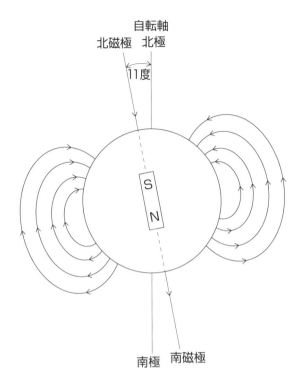

図15　地球の磁場　双極子磁場の形

　また、月の磁気については、『現代天文学講座　第
2巻　月と小惑星』（恒星社厚生閣）に、次のように
書かれています。

「地球の赤道地方では約6万ガンマ（γ）の強さの磁
場がある。月の表面における磁場の強さは、アポロ
12号以降のアポロ宇宙船によって運ばれた磁力計に

よって測定された。アポロ12号の着陸点である嵐の海では38ガンマ（$\gamma$）、15号の着陸点であるハドレー・アベニン地域では、たった6ガンマ（$\gamma$）の強さの磁場しか記録されなかった。月の磁場はこれらの月面に運ばれた磁力計によるもののほか、アポロ15号や16号の孫衛星に積載された磁力計によっても測定された。これは月面の広い領域にわたって月磁気の強さの分布を明らかにした。分布の様子から、月磁気は地球のように全体として統一的な磁気分布を持っていなくて、強さも方向も1kmぐらい離れた点では、まったく異なっていることが分かった。これから現在の月には磁気を発生するダイナモ作用が働いていないことは明白である。磁力計で観測される磁場は月の岩石に残された残留磁気によって生じたものである」

「月の磁場は地球の一万分の一以下と、無いに等しい」

　以上のような観測事実がありながら、次の9つについては説明されていません。

　①なぜ、地球に磁場ができるのか。

　②なぜ、地球の磁場は双極子磁場という分布になっているのか。

③なぜ、磁針は北半球ではＮ極が下を向き、南半球ではＳ極が下を向くのか。

④なぜ、赤道付近は伏角が0度なのか。

⑤なぜ、双極子磁場の軸の方向は、地球の回転軸に近いのか。

⑥なぜ、地球のＮ極とＳ極は、地球の回転軸の近くにあるのか。

⑦なぜ、地球のＮ極とＳ極は、他の場所にできないのか。

⑧なぜ、地球のＮ極とＳ極は、過去10億年の間に、100回以上も逆転しているのか。

⑨なぜ、月は磁場がないに等しいのか。


以上の9つを、宇宙空間に「交わる波と波」が存在すると仮定して、私なりに説明してみたいと思います。

図16のように、東・西・南・北・天・地の空間の中央に地球があるとします。ここでは、天地の軸が北極と南極の軸とします。

今、地球の中心において、東西を軸として進行する「波」と、南北を軸として進行する「波」が、北極と

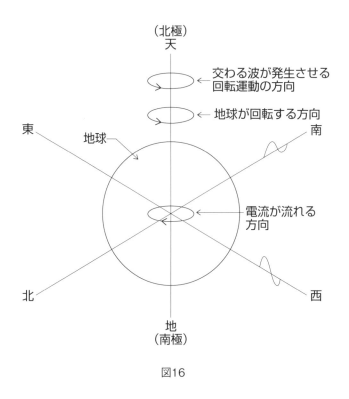

図16

南極を軸とする点で十字に交わると、北極と南極を軸の中心とする回転運動が発生します。この回転運動の半径が地球の半径よりも小さい場合、地球はこの回転運動の力を受けて回転します。これが地球の自転です。

　ここでレンツの規則の、
「針金や磁石等の運動によって誘導される起電力は、

その運動を妨げる向きの電流を流すような向きに生じる」(『親切な物理』渡辺久夫　正林書院より)

　の「針金や磁石等」を「天体」に置き換えれば、「天体の回転運動によって誘導される起電力は、その回転運動を妨げる向きの電流を流すような向きに生じる」

　となりますから、地球の場合は、地球の回転方向を妨げる方向の電流が地球内部に発生していると考えられます。つまり、地球の回転方向と逆向きに、電流が地球内部を流れているわけです。


　電流が流れると、その周囲に磁界ができ、磁界の方向については、図17のような右ねじの規則があります。「無限に長い直流電流の作る磁界は、電流の一点Aに垂直な平面においては、Aを中心とする同心円の磁力線で示され、磁界の方向は電流の方向に右ねじを進めるために、右ねじをまわす向きと一致する」(『親切な物理』より)

　例えば、回転運動によって電流が流れる実例として、車いすのタイヤが回転すると電源なしでもその内側の電球が光る車いすがあります(図18A)。また、金属

製のこまが回転により電流が流れて周囲に磁界が発生
し、マグネット台の上に落下しないで浮いているおも
ちゃもあります（図18B）。
　私の原稿が正しいことをその時、確認しました。

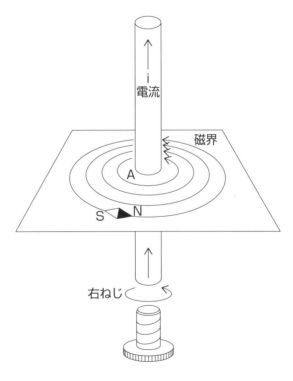

図17　右ねじの規則

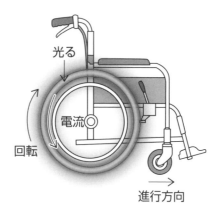

光る

回転

電流

進行方向

図18A

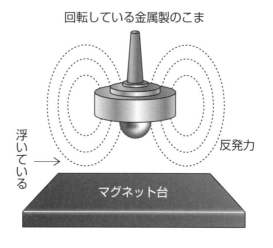

回転している金属製のこま

浮いている

反発力

マグネット台

図18B

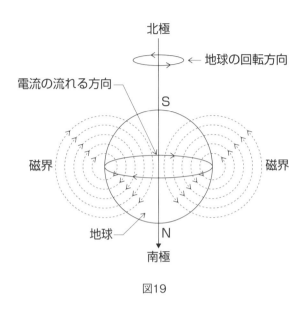

北極

← 地球の回転方向

電流の流れる方向

S

磁界　　　　　　　　　　　　磁界

地球

N

南極

図19

　この右ねじの規則を、地球内部の電流の流れる方向
にあてはめると、図19のように磁力線が示され、磁
界の方向が描けます。これが地球の磁界と磁場です。
　つまり、地球に磁場ができる理由は以下のように説
明できます。
「交わる波と波」が発生させる回転運動の力によって
地球が回転する。すると、レンツの規則により地球内
部に地球の回転方向に対して、逆方向へ電流が流れる。

電流が流れると、右ねじの規則により、その周囲に磁界が示される。その結果、図19のような磁場が地球にできる、というわけです。これが前出の①の説明となります。

　これらのことから、地球の磁場が「双極子磁場」と呼ばれるような分布になります（②）。

　そして、磁針は北半球ではN極が下を向き、南半球ではS極が下を向くのです（③）。

　そして、赤道付近では伏角が0度になります（④）。

　そして、双極子磁場の軸の方向は、地球の回転軸に近いのです（⑤）。

　そして、地球のN極とS極は、地球の回転軸の近くにあります（⑥）。

　そして、地球のN極とS極は、他の場所にはできないのです（⑦）。


　また、⑨の月の磁場がないに等しいという理由は、月においては「交わる波と波」が回転運動を発生させていないなどの理由で、レンツの規則のいうような起電力が発生しないため、月の内部を電流が流れず、電流が流れなければ、その周囲に磁界は示されないため、

その結果、月には磁場ができない、と説明できます。

　本項の最後に、⑧の「なぜ、地球のN極とS極は、過去10億年の間に、100回以上も逆転しているのか」について考えてみたいと思います。

　地球のN極とS極が、過去10億年の間に100回以上も逆転しているということは、地球の磁界の方向が100回以上も逆転しているということです。

　そして、地球の磁界の方向が100回以上も逆転しているということは、地球の内部を流れる電流の流れる方向が100回以上も逆転しているということです。

　地球の内部を流れる電流の流れる方向が100回以上も逆転しているということは、地球の回転する方向が100回以上も逆回転しているということです。

　地球の回転する方向が100回以上も逆転しているということは、「交わる波と波」が発生させる回転運動が、100回以上も逆回転しているということです。

　つまり、過去10億年の間に100回以上も、「交わる波と波」が発生させる回転運動が、右回りになったり、左回りになったり、という逆回転をすることによって、地球の回転する方向が100回以上も逆回転をした結果、

地球の内部を流れる電流の流れる方向も100回以上も逆転し、電流が流れることでその周囲に発生する磁界の方向も、地球のN極とS極も、100回以上も逆転したのだ、と説明できます（図20参照）。


　古地磁気学の研究が示した、「地球のN極とS極は過去10億年の間に100回以上も逆転している」ということが本当に正しいのならば、地球は今後も10億年の間に100回以上の確率で逆回転することがあり得ると考えられるわけですが、地球が今の回転方向を止めて逆方向へ回転したら、地球の自然環境や生き物はいったいどうなってしまうのでしょう？　これについてはまた別の考察となるので、本書では省略いたします。

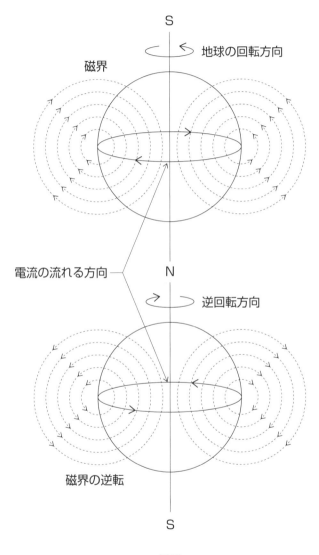

S

地球の回転方向

磁界

電流の流れる方向

N

逆回転方向

磁界の逆転

S

図20

# 6

# 惑星について考える

次に、惑星について考えてみたいと思います。

　水星、金星、地球、火星、木星、土星、天王星、海王星、冥王星のように、太陽などの恒星のまわりを回っている星を「惑星」と呼ぶことは知られています。表1のように、それぞれの惑星は太陽から別々の距離を持つ別々の軌道上を、別々の周期で、太陽のまわりを回っていることが観測されています。

　しかし、このような観測事実がありながら、なぜ惑星が、太陽から別々の距離を持つ別々の軌道上を別々の周期で太陽のまわりを回っているのかは説明されていません。そこで、宇宙空間に「交わる波と波」が存在すると仮定して、惑星が太陽のまわりを回っている現象を、私なりに説明したいと思います。


　惑星に関しては、ケプラーの法則があります。

①惑星は太陽を焦点とする楕円軌道上を運動している。

②1つの惑星と太陽とを結ぶ動径が一定時間に描く面積は一定である。

③各惑星の公転の周期の2乗は、その楕円軌道の長半径の3乗に比例する。

（『親切な物理』より）

①には「楕円軌道」と書かれていますが、実際には、冥王星を除いて、どの惑星の軌道も極めて円に近いと見なせるそうです。そこでまず、冥王星を除く惑星の円軌道について考えてみたいと思います。


## 惑星が太陽を中心とした円軌道上を等速円運動をしていると見なせる場合

　図21のように、太陽を中心とした東・西・南・北・天・地の空間において、東西を軸として等速で進行する「波」と、南北を軸として等速で進行する「波」が、天地を軸とする点で十字に交わると、天地を軸の中心とする等速円運動が発生します。この等速円運動の半径が太陽の半径よりも小さい場合は、太陽内部で等速円運動が発生します。この等速円運動の力を受けて太陽が回転します。これが太陽の自転です。

　また、等速円運動の半径が、太陽の半径よりも大きい場合は、太陽の外部に等速円運動が発生します。この等速円運動の軌道上に天体があれば、天体はこの等

速円運動の力を受けて動きます。このとき、この等速円運動の中心点に、太陽のような大きな質量を持つ天体がある場合は、中心の天体〔太陽〕と周囲の天体との間で相互に重力（万有引力）が働いて、周囲の天体は中心の天体〔太陽〕から離れないで回転運動をします。

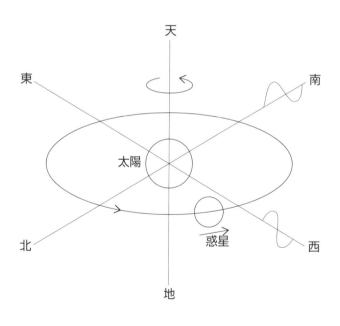

図21

このようにして、周囲の天体は中心の天体（太陽）のまわりを回る惑星になる、と説明できます。

　また、図22のような、等速円運動の中心に太陽のような大きな質量を持つ天体がない場合は、中心点と周囲の天体との間で、相互に重力（万有引力）が働かないため、周囲の天体は等速円運動をするとともに、遠心力が働いて、中心点からしだいに遠く離れていき

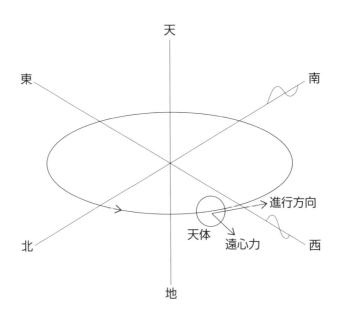

図22　中心に大きな質量を持つ天体がない場合

ます。ですから、その天体は中心点のまわりを回る惑
星にはなりません。

　それぞれの惑星は、太陽からそれぞれ別々の距離を
持って回っていて、太陽から惑星までの距離は、等速
円運動の半径になります。つまり、それぞれ別々の大
きさの半径を持つ等速円運動の軌道上に、それぞれ
別々の惑星がある、と考えられます。


　では、それぞれ別々の大きさの半径を持つ等速円運
動が、どのようにしてできるのか、もう少し具体的に
説明したいと思います。

　図23の上の図のように、東西を軸として等速で進
行する小さな「波」と、南北を軸として等速で進行す
る小さな「波」が、天地を軸とする点で十字に交わる
と、天地の軸を中心とする小さな半径を持つ等速円運
動が発生します。

　また、図23の下の図のように、東西を軸として等
速で進行する大きな「波」と、南北を軸として等速で
進行する大きな「波」が、天地を軸とする点で十字に
交わると、天地の軸を中心とする大きな半径を持つ等
速円運動が発生します。

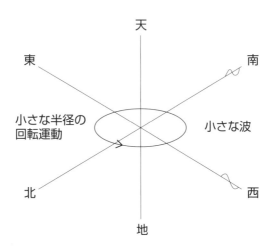

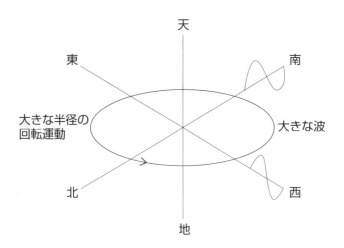

図23

　このように、十字に交わるそれぞれの「波」と「波」の大きさによって、等速円運動の半径の大きさが決まるのです。

　以上のことから、水星よりも金星、金星よりも地球、地球よりも火星、火星よりも木星、木星よりも土星、土星よりも天王星、天王星よりも海王星の軌道の方が、より大きな「波」と「波」とが十字に交わって、より大きな半径の等速円運動の軌道が発生している、と説明できます。

　また、図24の下の図のように、東西を軸として速い等速で進行する「波」と、南北を軸として速い等速で進行する「波」が、天地を軸とする点で十字に交わると、天地の軸を中心とする速い等速円運動が発生します。
　そして、図24の上の図のように、東西を軸として遅い等速で進行する「波」と、南北を軸として遅い等速で進行する「波」が、天地を軸とする点で十字に交わると、天地の軸を中心とする遅い等速円運動が発生します。

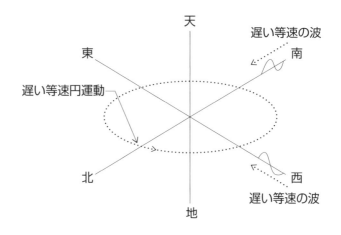

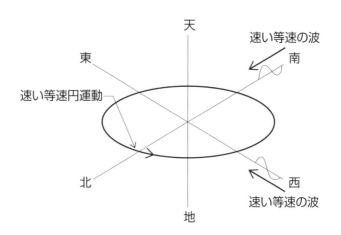

図24

このように、十字に交わるそれぞれの「波」と「波」の進行速度によって、十字に交わる「波」と「波」とが発生させる円運動の回転する速度が決まります。

このことから、太陽のまわりを回る惑星の周期は、それぞれの惑星の質量と、それぞれの十字に交わる「波」と「波」とが発生させる円運動の回転する速度によって決まる、と説明できます。

## 惑星が太陽を焦点とする楕円軌道上を運動していると見なせる場合

次に、ケプラーの法則どおりの、冥王星のような楕円軌道について考えてみたいと思います。

図25のように、太陽を中心とした東・西・南・北・天・地の空間において、大きな「波」と小さな「波」の二種類の波があるとします。

東西を軸として進行する大きな「波」と、南北の軸より西へ平行に離れている軸ＡＢを進行する小さな「波」が、交点0で十字に交わると、交点0を中心とし

た楕円運動が発生します。

この楕円運動の軌道上に天体があれば、天体は楕円運動の力を受けて動きます。

このとき、楕円運動の焦点に、太陽のような大きな質量を持つ天体がある場合は、焦点の天体（太陽）と周囲の天体とで相互に重力（万有引力）が働いて、周囲の天体は焦点の天体（太陽）から離れないで楕円運動をします。

そして、周囲の天体は、相互に働く重力（万有引力）の影響を受け、焦点の天体（太陽）に近いところでは素早く動き、遠いところではゆっくり動きます。

このようにして、周囲の天体は、焦点の天体（太陽）のまわりを楕円軌道を描いて回る惑星になる、と説明できます。

しかし、楕円軌道の焦点に、太陽のような大きな質量を持つ天体がない場合は、焦点と周囲の天体との間で相互に重力（万有引力）が働かないため、周囲の天体は、楕円運動をするとともに遠心力が働いて、しだいに楕円軌道から遠く離れていきます。このとき、周囲の天体は、焦点のまわりを回る惑星にはなりません。

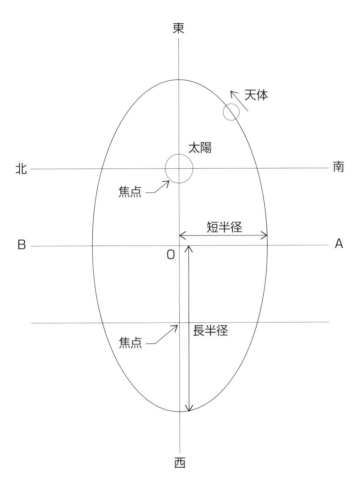

図25　天から地を見た図

以上のことから、水星、金星、地球、火星、木星、土星、天王星、海王星、冥王星が、太陽から別々の距離を持つ別々の軌道上を別々の周期で、太陽のまわりを回っていることの説明ができます。

　また、これらの惑星が自転をしながら太陽のまわりを回っているのは、それぞれの惑星を自転させる回転運動の力を発生させる「十字に交わる波と波」、そして、それぞれの惑星が太陽のまわりを回る回転運動の力を発生させる「十字に交わる波と波」とが、両方とも1つの惑星に作用しているからです。

　もしかすると、太陽を自転させ、いくつもの惑星を自転させながら太陽のまわりを回転させている何種類もの「十字に交わる波と波」同士が相互に重なり合い、干渉し合い、打ち消し合うようなことがあるかもしれません。

　たとえば、太陽系のいくつもの惑星が十字に並ぶなどして、いくつもの惑星に働く何種類もの「十字に交わる波と波」同士が、相互に重なり合い、干渉し合い、打ち消し合うようなことになると、「十字に交わる波と波」が発生させる回転運動は、一時変化することになります。

　その結果、太陽の自転や、いくつもの惑星の自転や、太陽のまわりを回る回転運動に一時変化が発生すると考えられます。

# 7

# 銀河について考える

次に、銀河系について考えてみたいと思います。

　前出の参考図書『SPACE ATLAS』には、銀河系について、いくつかの図とともに次のような内容が記されています。

「現在知られている銀河系の姿は、図26のように、円盤部、中心部（バルジ）、それらをほぼ球状に包みこむハローの3つから構成されている。銀河円盤は、半径5万光年、厚さ3000光年で、およそ2000億個といわれる星や星間物質のほとんどが、この部分に集中している。銀河面を天の方向から見下ろした場合、銀河は中心部のまわりを時計の針の方向に回転している。銀河の形体は、ハッブルによって銀河を見かけ上の形に従って、楕円銀河、レンズ型銀河、渦巻銀河、その仲間の棒渦巻銀河、不規則銀河、に分類されている。現在これらの銀河がなぜ回転するのか、また、銀河はなぜ渦を巻くのかについて説明できる完全な理論というのはない。実際に観測される渦巻銀河は、図27のように中心付近も外側もほぼ同じ速度で回転している。つまり星が銀河を一周する時間は内側ほど短いことになる。しかし、もしそうだとすると、銀河ができてからおよそ100億年の間に、中心に近い星は外側の星を

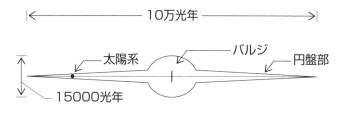

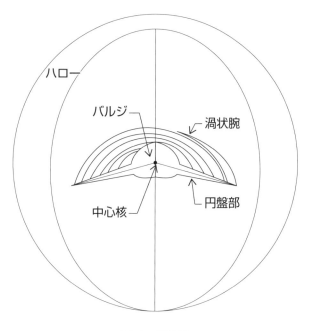

図26　銀河系

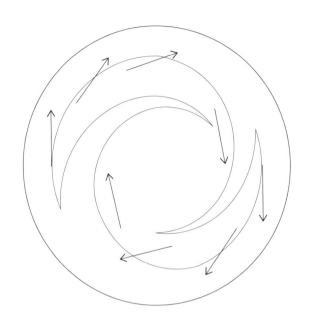

図27　銀河の回転

数十回も追い抜いたことになり、銀河の渦状腕の巻き
込みは、そうとうきつく巻きついているはずである。
しかし、実際に観測される渦巻銀河はどれも、それほ
ど巻き込んではいない。この現象は『巻き込みの困
難』と呼ばれている」
「図28のように渦巻銀河は、渦のきつい方から開い
ていく順に、ａ、ｂ、ｃ、の記号がつけられており、

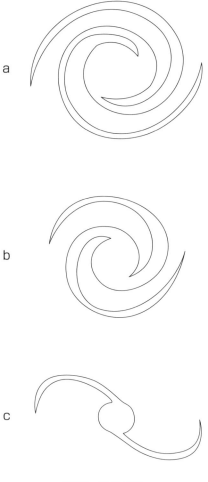

a

b

c

図28　渦巻銀河

aからcへいくに従って、水素ガスの量がふえ、若い星の数もふえていく」

と記されています。

しかし、このような観測事実がありながら、

①銀河はなぜ回転するのか。

②銀河はなぜ渦を巻くのか。

③「巻き込みの困難」と呼ばれる現象はなぜ起こるのか。

④図28のように、渦巻銀河において、なぜaよりもb、bよりもcの方が、若い星が多いのか。

以上4つのことが説明されていません。

そこで、銀河レベルの「交わる波と波」が存在すると仮定し、これらのことを私なりに説明してみたいと思います。

まず①の、銀河はなぜ回転するのかについてですが、図29のように、東・西・南・北・天・地の空間の中央に銀河があるとします。この銀河の中心点において、東西を軸として進行する「波」と、南北を軸として進行する「波」が、天地を軸とする点で十字に交わると、天地の軸を中心とする回転運動が発生します。この回

転運動の力によって銀河は回転する、と説明できます。

　このとき、銀河の中心点に大きな質量を持つ中心核がある場合は、中心核と周囲の星との間で相互に重力（万有引力）が働いて、周囲の星は、惑星のように中心核から離れないで回転運動をします。

　しかし、銀河の中心点に大きな質量を持つ中心核がない場合は、中心点と周囲の星の間で相互に重力（万有引力）が働かないため、周囲の星は、回転運動をす

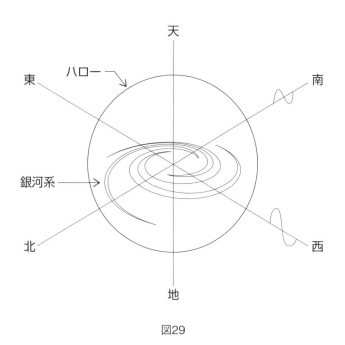

図29

るとともに、遠心力が働いて中心点からしだいに遠く
離れていきます。その結果、銀河はしだいに渦巻型を
作る、と説明できます（②）。

　これは、身近なことにたとえると、ずぶ濡れのタオ
ルの中心を軸として回転させると、タオルの両端から
水が飛んでいきますが、その様子を上から見おろすと、
水は渦を描いて飛んでいきます。このことからも説明
できると思います。

　また、周囲の星は、回転運動をするとともに遠心力
が働いて中心点からしだいに遠く離れていくのですか
ら、星は中心において巻き込まれることはありません。
と、「巻き込みの困難」と呼ばれる現象についても説
明できます（③）。

　次に④ですが、「交わる波と波」が発生させる回転
運動によって銀河が回転し、周囲の星がしだいに離れ
ていく様子は、図28の渦巻銀河においては、 c から
b 、 b から a の順になります。 c を形作るまでの時間
は、 b を形作るまでの時間より短く、 b を形作るまで
の時間は、 a を形作るまでの時間よりも短い時間にな
ります。

このことから、周囲の星の条件や回転する速度など、ほとんど同じ条件の場合のａ、ｂ、ｃ、3種類の渦巻銀河を比較すると、ａよりｂ、ｂよりｃの方が形作るまでの時間が短いので、若い星が多い、と説明できます。

　また、今までのところ右回りの銀河しか観測されていないようですが、銀河が「交わる波と波」によって回転しているのならば、右回りも左回りもあると考えられます。

# 8

# 台風について考える

次に、地球上の自然現象、台風について考え
てみたいと思います。

　台風について、『台風の科学』（大西晴夫　ＮＨＫ
ブックス）には次のように記されています。
「台風の風は、その中心の周りに左回りの回転運動を
している。この回転運動をしている部分は、対流圏の
下層や中層では、台風の中心から半径数百キロメート
ルの広い範囲に及んでいるが、対流圏の上部に行くと
中心から近いところに限られるようになる。地上付近
では、この回転運動に地表摩擦の効果が働いて、中心
に向かって風が吹き込んでいる。中心に向かって吹き
込む風は、『（接地）境界層』と呼ばれる地表から
1000メートル程度の高さの大気の最下層で最も顕著
である。中心に集まってきた空気は強い上昇流を作り
対流圏を吹き抜けて対流圏の上にある成層圏との境目
あたりで上昇運動を止められ、今度は周りに向かって
吹き出す。この中心付近の強い上昇流に伴ってできる
背の高い積乱雲を『眼の壁雲』とか『アイ・ウォー
ル』と呼んでいる」
　次に、台風が発達するメカニズムについて、図30
とともに次のように記されています。
「台風が発達するメカニズムを最初に解明したのは、

ニューヨーク大学の大山（1964年）で、マサチューセッツ工科大学に移ったチャーニーとオスロ大学のエリアッセンの共同研究（1964年）がこれに続いた。大山らが解明した台風のエネルギー源は水蒸気が水滴になるときに出る『凝結の潜熱』である。 —中略—
このように台風規模の数百キロメートルの広がりをもった大きな流れの場と積乱雲のスケールに当たる数キロメートルの大きさの現象という、全く規模の違う二つの気象現象が互いに相手を強めるように共同作業を行う関係が、台風が熱帯地方で発達する仕組みで

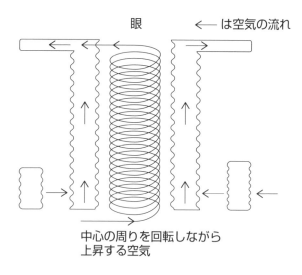

図30　台風の断面図

あったのである」

　しかし、以下のような内容も付け加えられています。「この説明について詳しく調べた気象研究所の山峰の研究によれば、潜熱による加熱の高さ方向の分布を変えると台風が発達する場合もあれば、台風ができない場合もあることを示した」

　また、以下のことも、別のページに記されています。「しかし、これですべてが明らかになったわけではなく、台風の『螺旋形の降雨帯（スパイラル・バンド）』や『眼』など、まだまだ解決しなければならない問題が残されています」

　つまり、台風については、気象衛星などの最先端技術による観測事実が豊かにあるにもかかわらず、まだ解明しきれていないというわけです。そこで、

①なぜ、台風ができるのか。

②なぜ、台風の眼ができるのか。

③なぜ、台風の中心気圧は低いのか。

④なぜ、風は台風の中心に向かって巻き込むように吹くのか。

⑤なぜ、螺旋形の降雨帯（スパイラル・バンド）ができるのか。

ということについて、地球上に「交わる波と波」が存在すると仮定して、私なりに説明してみたいと思います。

　図31のように、地球の赤道付近の東・西・南・北・天・地の空間において、東西を軸として進行する「波」と、南北を軸として進行する「波」が、天地を軸とする点で十字に交わると、天地の軸を中心とする

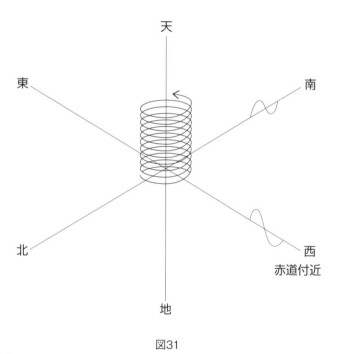

図31

回転運動が発生します。この回転運動が、天へ連続しながら進行する螺旋運動の場合は、この螺旋運動の力を受けて、螺旋運動の内側の空気と外側の空気が、螺旋運動のまわりを回転しながら上昇します。

　上昇して、成層圏との境目あたりで上昇運動を止められると、螺旋運動の外側へ向かって吹き出します。螺旋運動の内側の空気は、このようにしてどんどん外側へ吹き出されてしまいますので、内側の空気は薄く、密度が小さくなります。

　螺旋運動の外側の空気は同じように外側へ吹き出されて、螺旋運動の内側へは入りません。そのため、螺旋運動が続くと、内側の空気は外側へ出てゆき続けることになり、内側の空気はさらに薄く、密度が小さくなります。これは、内側の空気全体の重さは、外側の空気の全体の重さよりも低くなる、つまり内側の気圧は低くなるということです。この結果、台風の中心気圧は低くなるのだ、と説明できます（③）。

　また、外側からの空気は、螺旋運動の力によって内側へは吹き込むことができないため、内側はほとんど無風になります。これが「台風の眼」である、と説明できます（②）。

また、螺旋運動の外側の空気は、螺旋運動の回転する力によって、地面近くから巻き込まれるような空気の流れの動きになり、風は台風の中心に向かって巻き込むように吹くことになります（④）。

　この流体の性質について、『親切な物理』には次のように記されています。

「流体がある方向に運動しているとき、運動方向に平行な面の両側の部分に速さの差があるときは、速い部分は遅い部分を引き動かそうとし、遅い部分は速い部分を引き戻そうとし、二つの部分は面に平行な力を及ぼし合う。流体のこの性質を粘性といい、この力を内部摩擦力という」

　つまり、螺旋運動が回転を続けると、周囲の空気も同じ方向へ回転しだし、中心の螺旋運動に近いほど速さが大きくなります。これを螺旋運動の近いところの空気と、遠いところの空気の2つの層に分けて着目すると、時間がたつに従って、動きにズレが生じ、変形が進みます。この変形が、螺旋形の降雨帯（スパイラル・バンド）になる、と説明できます（⑤）。

　このときの空気の流れる方向が左回りなのは、「交わる波と波」が発生させる螺旋運動が左回りの回転運

動をしているからです。

　交わるそれぞれの「波」と「波」の要素によっては、左回りではなく、右回りの回転運動も発生するはずですから、北半球でも右回りの回転運動をしている台風が発生することがあり得ると考えられます。

　以上のように、「十字に交わる波と波」が発生させる、天へ連続しながら進行する螺旋運動の力による大規模な強制力によって台風はできる、と説明できます（①）。

# 9

# 竜巻について考える

次に、竜巻について考えてみたいと思います。

　竜巻についても、台風と同じようになぜ発生するのかがまだ説明されていません。

　私は竜巻についても、地球上に「交わる波と波」が存在すると仮定することで、台風と同じように説明できると考えます。

　竜巻が台風と異なる点は、「交わる波と波」が発生させる、天へ連続しながら進行する螺旋運動の半径の大きさと、螺旋運動の速度と力であると考えられます。

　つまり、天へ連続しながら進行する螺旋運動の半径が1km以下で、螺旋運動の速度も速く、螺旋運動の力も強いものが竜巻である、と説明できます。

　竜巻が発生するメカニズムについての説明は、台風とほとんど同じで重複するので、ここでは省略しますが、ひとつだけ、台風とはかなり差があるだろうと考えられることを説明しておきます。

　それは、台風の「眼」の部分、つまり、螺旋運動の内側の空気が、台風に比べて竜巻はほとんどないと考えられるということです。竜巻の螺旋運動の内側の空気は、ほとんど全部、螺旋運動の外側へ吐き出されてしまうほど、竜巻の螺旋運動の力は強いと考えられま

す。つまり、中心気圧がほとんどないと言えるぐらい低いと考えられるということです。

　竜巻の場合、螺旋運動の外側の気圧と、内側の気圧の差がかなり大きくなります。このためあらゆる物が竜巻に吸い込まれることになります。大きな竜巻は、強力な電気掃除機のように、家や車なども吸い込んでしまいます。

# 10

# 原子について考える

次に、原子について考えてみたいと思います。

『親切な物理』には、原子について図32とともに次のように記されています。

「長岡、ラザフォードの原子模型によると、原子は陽電気を帯びた中心（核）と、それをとりまいて回っている陰電気をもつ電子とから成り、核と電子との間に、クーロンの法則に従う電気力が働いている。また、電子は自転もしている。この考えについては、ラザフォードはα線散乱の実験によって、原子内において、陽電気が小さい体積に集中していること（つまり陽電気の核があること）、その直径は$10^{-15}$m 〜 $10^{-14}$mであることを証明した。$\{$原子の直径は大体10の－10乗メートル程度$\}$　この核の外をまわっている電子を、核外電子または、軌道電子という」

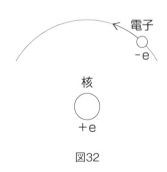

図32

また、磁石の中では電子が永久に止まらない自転
（スピン）をしている。

「アインシュタイン、ドハース（1915年）による実
験事実がある」

　また、電子の自転方向（スピン方向）は右回りと左
回りの2つしかない。

「シュテルン・ゲルラッハ（1922年）による実験事
実がある」

　と、参考図書には以上のように説明されています。
しかし、

　①なぜ、電子は自転するのか

　ということについては説明されていません。また、

　②電子自身の持つ軸の傾斜角度

　③電子が自転するときの回転する速度

　④電子の自転方向が右回りと左回り

　以上の3つが、どのようにして決定されるのかも説
明されていません。さらに、

　⑤電子は、なぜ原子核のまわりを回っているのか

　⑥電子の軌道と周期とまわる方向は、どのようにして
　　決定されるのか

　ということも、説明されていません。

　そこで、原子レベルの「交わる波と波」が存在すると仮定して、私なりに説明したいと思いますが、これらのことは、前述の「天体が自転することについて考える」の項の、天体の自転についての説明文の中の「天体」を「電子」に置き換えて読んでいただくことで、電子が自転すること、電子自身の持つ軸の傾斜角度、電子が自転するときの回転する速度、電子の自転方向が右回りと左回りすることの説明とさせていただきます。

　また、前述の「惑星について考える」の項の説明文の中の「太陽」を「原子核」に置き換え、「惑星」を「電子」に置き換えて読んでいただくことで、電子が原子核のまわりを回っていることと、電子の軌道と周期と回る方向についての説明とさせていただきます。

　このときの、原子レベルの「交わる波と波」は、陽電気にも陰電気にも作用しない、または作用されない「波」と「波」であることが、条件として考えられます。

# 11

# 磁気モーメントに
ついて考える

次に、磁気モーメントについて考えてみたい
と思います。

　磁気モーメントについては、『磁気光学の最前線
──磁石にあたると光は変わる』（坪井泰住、日比谷
孟俊　講談社）に、次のように記されています。
「原子は、原子核とそのまわりを回っている電子とか
らできています。電子が原子核のまわりを軌道運動す
ると、電子は電荷をもっているので、軌道上に環状電
流が流れることになります。針金をコイル状に丸くし
て、それに電流（一種の環状電流）を流すと、コイル
のまわりに磁場が発生することはよく知られており、
これは電磁石として利用されています。したがって、
原子の中の電子はその軌道運動によって磁場を作りだ
しています。つまり、原子が小磁石になっている（す
なわち原子が磁気モーメントをもっている）のは、こ
の電子の運動に原因があるのです。モーメントには
『力を生み出す能力』という意味があるので、電子が
磁気モーメントをもつというのは、電子に磁場を発生
させる能力があるということです。その能力があるの
は、電子が磁気双極子を作っているからであり、その
双極子は電子の運動によって生じているのです。地球
が太陽のまわりを軌道運動すると同時に、地球自身回

転しているように、電子は軌道運動するほかに自転（スピン）しています。この自転運動によっても電流が流れ、したがってそれが磁場を発生させます。軌道運動による磁気モーメントのほかに、スピン運動による磁気モーメントを、電子がもっているのです。前者の磁気モーメントを『軌道磁気モーメント』と呼び、後者を『スピン磁気モーメント』とよんでいます」

　以上のような観測事実があります。しかし、「軌道磁気モーメント」については説明されていますが、「スピン磁気モーメント」については説明されていません。なぜ電子が自転（スピン）運動をすると磁場を発生させるのかが説明されていないのです。

　そこで、電子レベルの「交わる波と波」が存在すると仮定して、電子が自転（スピン）運動をすると磁場を発生させることについて、私なりに説明したいと思いますが、このことは、前述の「地球と月の磁気について考える」の項の説明文の中の、「地球」を「電子」に置き換えて読んでいただくことで、電子が自転（スピン）運動をすると磁場を発生させることについての説明とさせていただきます。

　このときの「交わる波と波」は、陽電気にも陰電気にも作用しない、または作用されない「波」と「波」であることが、条件として考えられます。

# 12

# 光（電磁波）に
ついて考える

次に、光（電磁波）について考えることにいたします。

　光（電磁波）について、『磁気光学の最前線』には、図33とともに次のように記されています。
「イギリスのマックスウェルは、光とは『電荷をもった粒子の振動が波動として媒質中を伝わっていく電磁波』であると結論しました。その電磁波は、一秒間に約30万キロメートル進み、振動の方向が電磁波の進行方向に垂直になっている波でした。電磁波としての光とは、具体的にどのようなものでしょうか。

　今、一本の導線があるとします。これに電流が流れるとそのまわりに磁場ができます。交流の電流が流れると、電流の時間的変化によってまわりにできる磁場も変化します。磁場の変化は電磁誘導を引き起こし、磁場の変化を妨げるようにそのまわりに電場が発生します。この電場も、磁場の変化に対応して時間とともに変化するので電磁誘導により磁場が発生します。このように振動電場と振動磁場がつぎつぎと発生し、それらが一体となって空間を伝わって行きます。これが電磁波です。

　光の電場の振動方向と磁場の振動方向とは、たがいに直交しています。$x$、$y$、$z$軸からなる直交座標系で、

電場の向き（電場ベクトル）を$x$軸の正の方向とすると、磁場の向きは$y$軸の正の方向となります。このとき、電場の波は$z$軸の正の方向に進むので、電場の振動は$xz$面内で起こります。それで、光の進行方向と電場の方向を含む面であるこの$xz$面を（電場の振動面）といいます。（図33）

一方、磁場の振動面は$yz$面です。両者の振動は、図33のように同位相になって$z$方向に進んでいます。

─中略─

電磁波は、電場の振動面と磁場の振動面とをもっています。私たちが光として感じるのは、電場の部分なのです。そのため、電場の振動面を、偏光面といいます。偏光を光の進行方向から見ると、その振動面は一直線（電場の振動軸）になっているので、この光は『直線偏光』と呼ばれます。（図33）」

次に、「直線偏光から円偏光を作る」というタイトルで、偏光面の回転が生じるファラデー効果を説明するときの考え方が、次のように記されています。
「光が横波であることから、二つの横波を重ねると、その重ね方の条件により、いろいろ変わった光が生ま

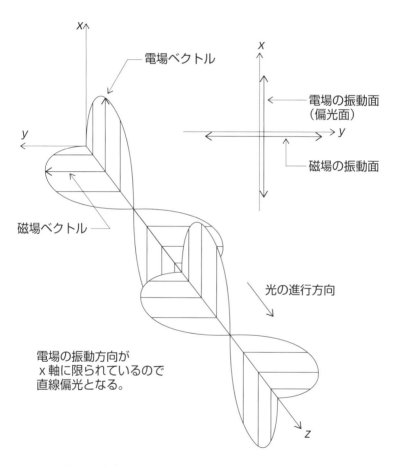

電場ベクトル

電場の振動面
（偏光面）

磁場の振動面

磁場ベクトル

光の進行方向

電場の振動方向が
x軸に限られているので
直線偏光となる。

図33　直交する電場（電界）と磁場（磁界）の振動方向

れます。話を簡単にするため二つの光は同じ波長と振幅をもっているとします。同じ方向（たとえば$z$軸の正の方向）に進み、たがいに直交している二つの直線偏光$Ex$, $Ey$があるとします。すなわち、一方の光は$x$軸方向に、他方は$y$軸方向に電場ベクトルが振動しているとします。このような直交する光がどんなことをもたらすか調べてみましょう」

「偏光軸の方向の異なる二つの波を合成するには、それぞれの波の変位（たとえば、電場ベクトル）を辺と

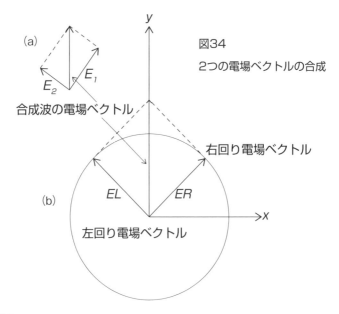

(a)

$E_1$

$E_2$

合成波の電場ベクトル

図34

2つの電場ベクトルの合成

右回り電場ベクトル

(b)

$EL$

$ER$

左回り電場ベクトル

$y$

$x$

する平行四辺形を描けばよろしい。平行四辺形の対角線の方向と長さが、合成された波の変位（電場ベクトル）を与えます（図34a）。これは、二つのベクトルの和をとる方法と同じです。

　同位相の波であると、図35に示されるように、合成された波は$y$軸から45度傾いた線上に振動軸をもつ直線偏光になります。しかし、二つの直線偏光の位相にちがいがあれば、直線偏光になりません。

　二つの波の位相の差が4分の1波長である場合を考えてみましょう。4分の1波長ずれるということは、一方の波の山は他方の波の節（変位がゼロになるところ）と一致します。$Ex$の波が$Ey$の波より位相が4分の1波長だけ進んでいる場合、合成された波の電場ベクトルは図36に示すような動きを示します。

　二つの波が$z$軸の正の方向に進むにつれて、合成波の電場ベクトルの先端Eは、光源に向かって眺めると、左回りに周期的に回転しながら観測者のほうへ進んでいます。その先端は円軌道を描くので、この光を『左回り円偏光』といいます。

　もし、光$Ex$と光$Ey$の位相が先ほどと逆になって、$Ex$の波が$Ey$の波より位相が4分の1波長遅れるとき

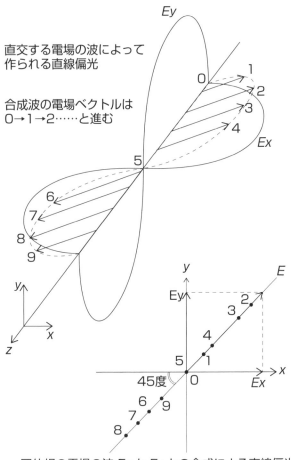

直交する電場の波によって
作られる直線偏光

合成波の電場ベクトルは
0→1→2……と進む

同位相の電場の波 Ex と Ey との合成による直線偏光

図35　直線偏光

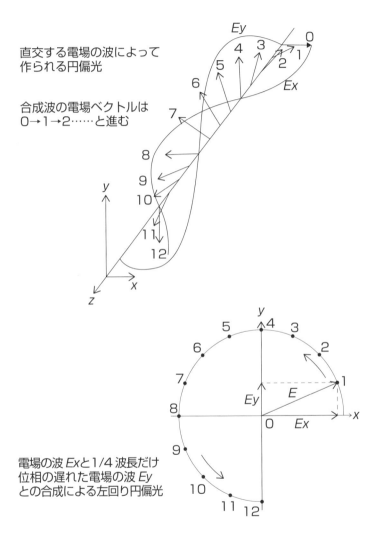

直交する電場の波によって
作られる円偏光

合成波の電場ベクトルは
0→1→2……と進む

電場の波 *Ex* と1/4 波長だけ
位相の遅れた電場の波 *Ey*
との合成による左回り円偏光

図36 左回り円偏光

は、ベクトルEの回転の向きは逆になり『右回り円偏光』になります。

　位相の差が4分の1波長でないときは合成された光の電場ベクトルの先端Eは円軌道を描かず楕円軌道になり、『楕円偏光』が得られます。

　左回り円偏光と右回り円偏光の速度が同じ場合、二つの円偏光の合成がどうなるか調べてみましょう。

　$xy$面上で円軌道を描き、かつ、両者の出発点が同じ$y$軸上とします。それぞれの電場ベクトルの円を回る速度が同じなので、光がある距離を進んだときの両者の回転角の大きさは同じです。しかし、その向きが逆なので、合成された電場ベクトルはいつも$y$軸上にあります（図34b）。電場の振動軸が$y$軸になっているので、これは直線偏光ということになります。

　このことから、直線偏光とは、電場ベクトルの回転速度が同じ『左回り円偏光』と『右回り円偏光』とから合成されたもの、と考えることができます」


　以上のように、マックスウェルが完成した、光（電磁波）の説明は、いろいろな観測事実によって説明されています。

　しかし、私はこれらの説明とは少し違った、光（電磁波）についての説明をしてみたいと思います。

　図37のように、東・西・南・北・天・地の空間において、東西を軸として進行する電気的力の「波」と、南北を軸として進行する磁気的力の「波」が、天地を軸とする点で十字に交わると、天地の軸を中心とする回転運動が発生します。この回転運動が、天へ連続しながら進行する円の螺旋運動の場合のことを、円偏光の光（電磁波）という、と説明できます。

　また、これらの電気的力の波と、磁気的力の波それぞれの振幅、周期、振動数、波長、進行速度、進行方向など、それぞれの波を構成する要素が異なる場合の組み合わせによっては、天へ連続しながら進行する楕円の螺旋運動が発生します。これを楕円偏光の光（電磁波）という、と説明できます。

　このとき、天へ連続しながら進行する円の螺旋運動（円偏光）も、楕円の螺旋運動（楕円偏光）も、回転方向は、右回りと、左回りがあります。

　また、直線偏光とは、天へ連続しながら進行する円の螺旋運動（円偏光）の回転速度と半径と1回転で進

む距離が同じ、右回りのものと左回りのものが合成されたものだ、と説明できます。

　つまり、光（電磁波）の基本の姿は、直線偏光ではなく、円偏光または楕円偏光だということです。

　このことが、マックスウェルが完成した光（電磁波）の説明と、私の説明が違う部分です。

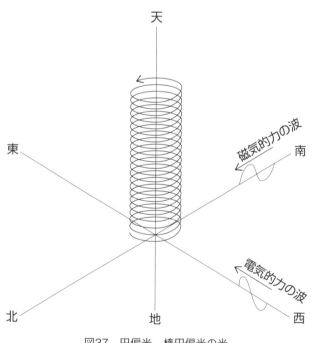

図37　円偏光、楕円偏光の光

　マックスウェルは、直線偏光を光（電磁波）の基本の姿として、光（電磁波）を論じています。

　しかし私は、直線偏光は、光（電磁波）の基本の姿ではないと考えます。

　私は、光（電磁波）の基本の姿は、円偏光または、楕円偏光であると考えるのです。

　なぜならば、電気的力の波と磁気的力の波が十字に交わることでは、マックスウェルが完成した光（電磁波）の説明の直線偏光は発生しないからです。

　電気的力の波と磁気的力の波が十字に交わることで発生するのは、回転運動だけなのです。これは、円偏光または楕円偏光だけしか発生しないということです。

　マックスウェルが完成した光（電磁波）の説明は、円偏光または楕円偏光を、光（電磁波）の基本の姿として論じ直さなければいけないことになります。


　マックスウェルが完成した光（電磁波）の説明で論じた直線偏光とは、回転速度と半径と1回転で進行する距離が同じ、右回りの円偏光と左回りの円偏光を合成したものなのです。

　直線偏光は、最初に発生するものではなく、回転速

度と半径と1回転で進行する距離が同じ、右回りの円偏光と左回りの円偏光が発生したあとに、それらが合成して、その結果、直線偏光が発生するという順序になります。

　つまり、直線偏光とは、回転速度と半径と1回転で進行する距離が同じ、右回りの円偏光と左回りの円偏光を、父と母として生まれた子供なのです。

　両親より先に子供は生まれません。また、父と母のどちらか1人だけでも子供は生まれないように、右回りの円偏光だけ発生しても、直線偏光は発生しません。このとき、右回りの円偏光は存在していますが、直線偏光は存在していません。

　それと同じように、左回りの円偏光だけ発生しても、直線偏光は発生しません。このとき左回りの円偏光は存在していますが、直線偏光は存在していません。

　つまり、直線偏光は、どんな種類の円偏光よりも先に生まれた光（電磁波）とは言えないことになり、直線偏光は光（電磁波）の基本の姿ではない、と説明できます。


　マックスウェルが完成した光（電磁波）の説明にお

いて、直線偏光が光（電磁波）の基本の姿であると今までずっと信じていたことを、円偏光または楕円偏光こそが光（電磁波）の基本の姿である、と考え方を変えなければいけません。そうなれば、光（電磁波）の速度についての考え方も変えなければいけなくなります。

　マックスウェルの方程式は、どのような観測者から見ても光（電磁波）の速度は変わらない、と主張している問題があります。

　ドイツの物理学者アインシュタインは、「よろしい。われわれは、光（電磁波）の速度が常に一定であると仮定してみよう。この結果どんな幾何学が得られるのか見てみよう」と言ったそうです。この結果、アインシュタインは理論体系を樹立しました。

　しかし私は、「光（電磁波）の速度が常に一定である」ということに疑問を感じます。光（電磁波）の速度が常に一定であるという場合は、電気的力の波と磁気的力の波が、それぞれ1種類の一定した波の場合だけであり、それぞれの波が十字に交わる組み合わせも、1種類の一定した組み合わせの場合のときだけです。

　この条件以外の場合がなければ、アインシュタイン

の言うように「光（電磁波）の速度が常に一定である」と仮定できますが、私は、この条件以外の場合がたくさんあると考えます。

　電気的力の波と磁気的力の波、それぞれの振幅、周期、振動数、波長、進行速度、進行方向など、それぞれの波を構成する要素1つ1つについても、たくさんの種類があります。1種類だけではないのです。

　たくさんある種類の電気的力の波と、たくさんある種類の磁気的力の波とが、それぞれ十字に交わると、さらにたくさんの種類の回転運動が発生します。

　この回転運動が、図37のように、天へ連続しながら進行する円または楕円の螺旋運動（円偏光または、楕円偏光）の光（電磁波）の場合についても、たくさんの種類の半径と、たくさんの種類の回転運動がありますし、1回転で進行する距離もたくさんの種類があります。

　このように、光（電磁波）の種類は、たった1種類ではなく、光（電磁波）の速度も、たった1種類ではないのです。数え切れないほどたくさんの種類があるのです。

　また、電気的力の波と、磁気的力の波は、それぞれ常に一定に安定しているわけではなく、何かの原因があれば、不安定に変化することもあり得ると考えられます。

　その結果、電気的力の波と磁気的力の波が十字に交わることで発生する、図37のような、天へ連続しながら進行する円または楕円の螺旋運動（円偏光または、楕円偏光）の光（電磁波）も変化することになりますし、光（電磁波）の速度も変化することになります。

　さらに、電気的力の波と磁気的力の波、それぞれの波を構成する要素を、いろいろな種類に自由に変化させることができれば、電気的力の波と磁気的力の波が十字に交わることで発生する図37のような、天へ連続しながら進行する円または楕円の螺旋運動（円偏光または、楕円偏光）の光（電磁波）も、いろいろな種類に自由に変化させることができますし、光（電磁波）の速度も、いろいろな種類に自由に変化させることができます。

　これらのことから、アインシュタインが言うように「光（電磁波）の速度は常に一定である」と仮定することは、おかしいことである、と説明できます。

# 13

# 統一理論の尻尾

次に、統一理論について考えてみたいと思います。

　電磁気力、弱い力、強い力、重力という自然界の4つの力をすべて統一するという、現代物理学の最大の課題の解決をめざしている「統一理論」の中で、最も有力な候補は「超ひも（スーパーストリング）理論」です。

　この理論について『SPACE ATLAS』には次のように記されています。

「この理論は大統一よりさらに前のビッグバン直後$10^{-44}$秒以前、まさに生まれてすぐの宇宙を描きだそうとするものだ。この理論の特徴的なところは、重力も素粒子間の相互作用として量子論的にあつかわれている点と、すべての物質は点粒子ではなくて一種類の『ひも』からできている、とするところである。この超ひもは、輪ゴムのように閉じていたり、あるいは開いており、ひもどうしが結合したり、分離したりの運動をすることで、宇宙のすべての物質や力の相互作用が生成されるというのである。またこの理論では宇宙の初期は今まで信じられていた4次元時空ではなく、10次元でなければならないとしている。このような驚くべき特徴をもった超ひも理論だが、宇宙論上の困

難な問題点を解決できる可能性をもった理論として注目されている」

「この理論はすべての基本粒子は点粒子ではなく、振動する短いひもであって、ひもの振動の仕方の違いが粒子の違いとして現れてくる、というものである。つまり、ひもの振動や回転運動の違いによって、ある時はレプトンである電子のように見えたり、またあるときはゲージ粒子の重力子のように見えたりするというのだ。力の相互作用も、ループ状のひもが、ちぎれて二つに分離したり、逆に一つに合体したりすることで生じる、といわれている。（E8×E8理論）。つまり超ひも理論では、素粒子の多様な世界は一つの基本的な『ひも』の異なるモードとして統一的にとらえられているのだ。力の統一のため重力を量子化して考えていた今までの理論のどれもが、その方程式を解くと無限大の解答を出し現実との一致をみなかった。（これを物理学では発散とよんでいる）超ひも理論は、この重力の発散を回避できるという点で、大変魅力的な性格をもっている」

　カルーザ＝クライン理論（1926年）の言う「閉じ

ている」とは、食品を包む前の円筒形のラップフィルムのイメージです。

「閉じていない」または「開いている」とは、食品を包もうとして引っ張り出して大きく広げた、薄い1枚のラップフィルムのイメージのことです。

　もともとのひも理論の創始者南部陽一郎が1970年に「ひも理論」の提案をしました（レオナルド・サスキンドとホルガー・ニールセンも同時期に提唱）。

　しかし、なぜ超ひもが輪ゴムのように閉じたり、あるいは切れた輪ゴムのように開いたりするのかは説明されていません。超ひも理論の残された問題は、超ひもがどのように衝突するのか、その現象を説明することです。そこで、このことについて私なりに説明してみたいと思います。

　図38のように、東・西・南・北・天・地の空間において、振動する〈開いた超ひも〉と呼ばれる東西を軸として進行する「波」と、もう1本の振動する〈開いた超ひも〉と呼ばれる南北を軸として進行する「波」が、天地を軸とする点で十字に交わると、天地の軸を中心とする〈閉じた超ひも〉と呼ばれる回転運

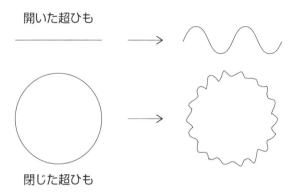

開いた超ひも

閉じた超ひも

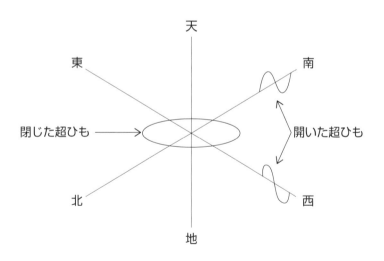

天

東

南

閉じた超ひも →

開いた超ひも

北

西

地

図38

動が発生します。

　この〈閉じた超ひも〉と呼ばれる回転運動は、十字に交わる2本の振動する〈開いた超ひも〉を構成するいろいろな要素によって、つまり〈開いた超ひも〉の振動の仕方の違いによって、円や楕円や、ゆがんだ円などのいろいろな種類の〈閉じた超ひも〉と呼ばれる回転運動を発生させます。

　または、開いた超ひもとも呼べないし、閉じた超ひもとも呼べないような、円、楕円、ゆがんだ円などのいろいろな種類の螺旋運動や渦巻き運動を発生させます。これらは、右回りをしたり、左回りをします。

　これが私なりの説明です。

　このことから、「超ひも理論」を私なりに説明するとすれば、次のようになります。

　①「超ひも」は、〈開いた超ひも〉と〈閉じた超ひも〉以外に、開いた超ひもとも呼べないし、閉じた超ひもとも呼べない、螺旋型や渦巻き型の超ひもがあります。

　②振動する〈開いた超ひも〉2本がそれぞれ十字に交わると、〈閉じた超ひも〉になります。または、開いた超ひもとも呼べないし、閉じた超ひもとも呼べな

い、螺旋型や渦巻き型の超ひもになったりします。これらは、右回りをしたり、左回りをします。

③同じ大きさで、回転速度が同じ、右回り螺旋型の超ひもと左回り螺旋型の超ひもが合成すると、〈開いた超ひも〉になります。

④これらの超ひも同士が結合したり分離したりの運動をすることで、宇宙のすべての物質や相互作用が生成されます。

以上、「超ひも理論」を私なりに修正、追加して説明いたしました。


次に、19世紀の物理学者たちが確認した、「点粒子のエネルギーは0分の1になり無限大になる」という問題についても、私なりに説明してみたいと思います。

点粒子とは、「十字に交わる波と波」が発生させた、無限に回転する円運動のことです。または、無限に発生する螺旋運動のことです。または、無限に発生する渦巻き運動のことです。これらの運動が、点粒子のように観測されるのです。そのため、点粒子のエネルギーは無限大になるのです。

また、多くの種類の波と多くの種類の波とが、十字

に交わることで、さらに多くの種類の円運動が発生します。または、さらに多くの螺旋運動が発生します。または、さらに多くの渦巻き運動が発生します。そのため、点粒子は多くの種類があり、無限の種類があり、無限個あるのです。

　また、肉眼で見えないミクロの世界の量子論の「粒子＝波」という性質、「あるときは粒子の性質を示し、またあるときは波の性質を示すという2つの性質を兼ね備えている」ということの説明も、「量子力学の二重性という『物質』も『力』も波として伝わり、粒子として観測される」ということの説明も、これまでの本書の説明を私なりの説明とさせていただきます。


　1986年秋に日本のカミオカンデで、本来ならば、どの方向からも一様に飛んでくるはずなのに、地球の反対側から飛んでくるミューニュートリノの数だけが減少しているのを観測しました。

　この、「ニュートリノ振動と呼ばれる2つの種類のニュートリノを重ね合わせたときのうなりの現象のように、周期的に増えたり減ったりしてニュートリノの姿を変える現象」の説明も、2つの「交わる波と波」

とが重なり合うことで説明できます。

　これらの、いろいろな種類の超ひもの運動や性質についての説明は、これまで本書の各項目において説明した、いろいろな運動や性質についての記述を、それに代えさせていただきます。

　このように、これまで本書の各項目においていろいろ説明したことは、実は「超ひも理論」の、まだ説明されていない部分をかなり多く補足する説明となっているのです。

「超ひも理論」の不足している説明に、本書の各項目の説明を足し合わせることで、「統一理論」が完成に近くなると私は思います。つまり、本書は「統一理論」の尻尾をつかまえたと言えると思うのです。

　これまで本書の各項目においていろいろ説明したことは、実は「統一理論」の説明だったというわけです。私は、現代物理学の最大の課題であり、その解決をめざしている「統一理論」を書き上げてきたのです。

　本書の各項目で、電磁力、宇宙、天体、台風、竜巻、原子、電子、磁気、光、電磁波、統一理論など、あら

ゆるレベルの空間と場において観測事実があるにもか
かわらず、まだ説明されていない個々の自然現象を、
「交わる波と波」が存在すると仮定して、私なりに説
明してきました。

　これら以外にも、観測事実があるにもかかわらず、
まだ説明されていないことはたくさんありますが、そ
れらの自然現象も「交わる波と波」が存在すると仮定
することで説明できるでしょう。

「交わる波と波」が存在すると仮定することで、多く
の物理現象が見事に説明できた場合には、仮定は仮定
ではなくなります。

　それらについては、また場を改めて述べることとし
て、本書ではここまでにしておきます。

# 14

「交わる波と波」を
応用した泳ぎ方

ここではガラリと話題を変え、「交わる波と波」を応用した泳ぎ方、水泳の方法を説明したいと思います。

　私は、「交わる波と波」理論を応用した泳ぎ方で、後方に足から進むように泳げます。

　私がプールで後方に泳いでいたら、「すげえ！」と小学生くらいの子供にとても驚かれました。大人たちもびっくりしていましたし、そこにいる皆が不思議そうな顔をして私を見ていました。

　あなたもぜひ、今年の夏は、「交わる波と波」理論を応用した、後方に足から進む泳ぎ方ができるように挑戦してみては？

　では、実際の泳ぎ方を説明いたします。

　図39を見てください。このように、背中を天に向け、お腹をプールの底に向けて水に浮かびます。

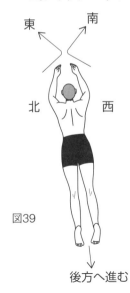

図39

後方へ進む

そして、あなたの顔の前に図1の「交わる波と波」の基本図があると想像して、顔の前で、右手で西から東方向に水を押し出します。それと同時に、左手で北から南方向に水を押し出します。

　右手と左手で押し出した水が、天と地を軸とする点で交わるようにしてください。水が交わったら、右手は天と地を軸とする点から南方向に動かし、左手は天と地を軸とする点から東方向に動かします。

　これを繰り返します。バレーボールの「トス」をする感覚で、両手で繰り返してください。

　すると、あなたの顔の前で、右手と左手で合成された「交わる波と波」が発生します。

　ここで両足を軽くバタバタすると、体が浮き、後方へ足から進んでいきます。

　あなたは後方に泳いでいるのです。周りの人たちはきっと不思議そうな顔をしてあなたを見るでしょう。

　水泳は、普通は頭から前方に進みます。クロール、平泳ぎ、背泳ぎ、バタフライなど、みんなそうです。しかし、「交わる波と波」理論を応用した泳ぎ方では、足から後方へ進むことができるのです。

　あなたは、信じられないでしょうか？

# 15

# 宗教における
「交わる波と波」
について考える

本書の最後に、宗教における「交わる波と波」について考えてみたいと思います。

　ここでは、世界中のいろいろな宗教が表現している図形、記号、シンボルなどから、「交わる波と波」を読みとります。

　このことにより、世界中のいろいろな宗教の根源的な由来は、「交わる波と波」によって統一的に理解できるのではないか、と私は提案いたします。


　図1の基本図をよく見ると、地上にあるピラミッドの地下にも逆向きのピラミッドがあるように見えるのがわかるでしょうか。

　また、六芒星があるように見えるでしょうか。

　また、十字があるのがわかるでしょうか。

　また、三角形も四角形も六角形もあるのがわかるでしょうか。

　また、円形があるのがわかるでしょうか。

　また、螺旋も渦巻きもあるのがわかるでしょうか。

　また、波もあるのがわかるでしょうか。

　そして、このたった1枚の図の中に、世界中のいろいろな宗教が表現している図形、記号、シンボルなどが、ほとんど表現されていることに気がついたでしょうか。

それでは、具体的にひとつひとつ説明してみたいと思います。

　図40のように、地上にあるピラミッドの地下にも逆向きのピラミッドがあるとします。矢印の方向から斜めの地上と地下のピラミッドを透かして見ると、六芒星に見えます。図1の基本図は、そのように見た図です。
　ピラミッドは古代エジプトの宗教のシンボルです。六芒星はユダヤ教のシンボルです（図41A）。
　また、図1を天から地の方向へ見ると、十字に見えます。十字はキリスト教のシンボルです（図41D）。十字は聖剣も表現しています。
　縦横の十字に小さな横棒をつければ、ギリシャ正教で用いる十字になります。また、十字の4つの角を折り曲げれば、インド仏教に伝わる功徳円満のしるし「まんじ」の図形になります（図41E）。

　同じように、図1を天から地の方向へ見ると、円に見えます。
　円は、太陽神を表現しています。太陽神は古代エジ

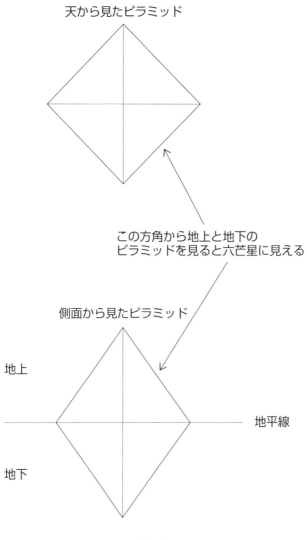

天から見たピラミッド

この方角から地上と地下の
ピラミッドを見ると六芒星に見える

側面から見たピラミッド

地上

地平線

地下

図40

プトの神であり、ゾロアスター教の神でもあります。

　それ以外にも、太陽神を崇拝している宗教はまだまだたくさんあります。

　日本では、円は太陽神を表現しているとともに、聖なる鏡も表現しています。日本の神社には、円形の鏡が本殿の中央にまつられています。


　円の大小2つが重なった図形は、イスラム教のシンボルです。三日月のようにも見えますし、金環日食のようにも見えます（図41C）。

　円の中央に波がある図形は、古代中国の儒教のシンボル、太極の図形です（図41B）。この図形は、陰の波と陽の波とが交わると、太極という円に統一される、ということを表現しています。これは、かなりすぐれた「交わる波と波」の表現そのものと言えると思います。


　螺旋と渦巻きは、龍神を表現しています。

　螺旋と渦巻きについては、世界中のいろいろな宗教美術などに、たくさん表現されています。その意味は、ものすごく広く深いものです。

A

D

B

E

C

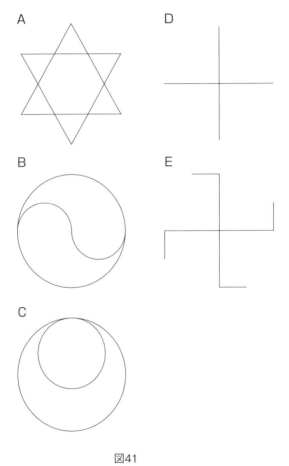

図41

道教では龍神が「道」のシンボルです。

　また、日本神道の「皇位のしるし」とされる三種の神器である剣、勾玉、鏡の3つの宝物については、まず、剣は十字を表現しています。勾玉は、太極の図形を中央の波のところで2つに割った形であり、「交わる波と波」を表現しています。鏡は円を表現しています。

　三種の神器の剣、勾玉、鏡の表現を続けて読みとれば、「十字に交わる波と波は、円になる」と、読めるのです。すぐれた「交わる波と波」の表現そのものと言えると思います。

　図1からは、まだまだたくさんの図形、記号、シンボルが読みとれますが、世界の有力な宗教である、古代エジプトの宗教、ユダヤ教、キリスト教、イスラム教、仏教、儒教、道教、日本神道などが表現している図形、記号、シンボルが、「交わる波と波」の基本的な図1から読みとれることがわかったところで、やめておきます。

　これらの図形、記号、シンボルなどは、悪魔や病気

から人々の体を守る神のしるしとして信じられています。

　信者は、これらの図形、記号、シンボルを身につけたり、家の中に大切に安置したりして、自分の生命や人生にとって、とてもありがたいものだと信じています。

　それはつまり、「交わる波と波」が、神のしるし、あるいは神の力として、広く深く信じられていると言えるのではないでしょうか。


　さて、もう一度、世界の有力な宗教が表現している図形、記号、シンボルを見てください。

　生まれた土地も時代も異なる、世界の有力な宗教の創始者が、まるで談合でもしたかのように、同じ「交わる波と波」を表現しています。

　創始者たちは、おそらく「交わる波と波」のことに気がついていたのでしょう。だから、創始者たちはそれぞれ別の表現の仕方で、多くの人たちにわかりやすく「交わる波と波」を伝えようとしたのです。

　このことから、自分の信じる宗教だけが唯一「交わる波と波」を知っていたのではなく、他の人が信じる

宗教も「交わる波と波」を知っていた、と言えると思います。

　自分の信じる宗教が、「交わる波と波」を図形、記号、シンボルとして表現していて、神のしるしや神の力のしるしとして身につけたり、家の中に大切に安置したりして、とてもありがたがっているように、他の人が信じる宗教も、「交わる波と波」を図形、記号、シンボルとして表現していて、神のしるしや神の力のしるしとして身につけたり、家の中に大切に安置したりして、とてもありがたがっているのです。

　ですから、「自分の信じる宗教だけが、唯一最高の宗教だ」とは言えないのです。


　また、「自分の信じる宗教は最高にすばらしい」ということは、「自分の信じる宗教が表現している『交わる波と波』が最高にすばらしい」ということにもなります。

　そして、その「交わる波と波」は、他の人が信じる宗教が表現している「交わる波と波」と同じものなのですから、結局は、「他の人が信じる宗教の『交わる波と波』が最高にすばらしい」ということになってし

まいます。

　逆に、「他の人が信じる宗教は、ダメな悪魔の宗教
だ」ということは、「他の人が信じる宗教の『交わる
波と波』がダメだ」ということになります。

　しかし、ダメな悪魔の宗教の「交わる波と波」は、
自分の信じる宗教が表現している「交わる波と波」と
同じものなのですから、結局は、自分の信じる宗教が
表現している「交わる波と波」が、ダメな悪魔の宗教
だということになり、結局のところ、地球上のすべて
の宗教が、ダメな悪魔の宗教だ、ということになって
しまいます。


　このように、「交わる波と波」こそが、世界中のい
ろいろな宗教が表現している図形、記号、シンボルの
根源なのですよ、と説明すれば、宗教が異なることで
生まれる争いをなくせるのではないでしょうか。

　世界中のいろいろな宗教は皆、それぞれが苦労して
心の井戸を深く掘り、やっとの思いで「交わる波と
波」にたどり着いたのだと気がつくことで、お互いの
宗教を尊敬できるのではないでしょうか。

「あなたの信じる宗教の創始者も、苦労して心の井戸

を深く掘り、やっとの思いで『交わる波と波』にたどり着いたのですね。私の信じる宗教の創始者も、苦労して心の井戸を深く掘り、やっとの思いで同じ『交わる波と波』にたどり着いたのですよ。あなたの信じる宗教が表現している図形、記号、シンボルも、私の信じる宗教が表現している図形、記号、シンボルも、同じ『交わる波と波』を表現していたのですね。私たちは同じですね。私たちは仲良くなれますね」

　と、そんな会話ができるのではないでしょうか。

　以上、「交わる波と波」から、世界中のいろいろな宗教の由来を統一的に理解することに挑みました。

【参考図書】

『親切な物理』渡辺久夫　正林書院
『SPACE ATLAS──宇宙のすべてがわかる本』
　　　　　　　　　　　　河島信樹監修　PHP研究所
『現代天文学講座第2巻　月と小惑星』恒星社厚生閣
『台風の科学』大西晴夫　NHKブックス
『磁気光学の最前線──磁石にあたると光は変わる』
　　　　　　　　坪井泰住、日比谷孟俊　講談社
『地球環境キーワード事典』環境庁地球環境部編
　　　　　　　　　　　　　　　　中央法規出版
『ニュートリノで探る宇宙と素粒子』梶田隆章
　　　　　　　　　　　　　　　　　平凡社
『入門 超ひも理論　物理学の最終理論をやさしく解
説！』　　　　　　広瀬立成　PHP研究所
『「統一理論」自然界の4つの力は統一できるか？』
　　　　　　　　　　　　藤井保憲　学習研究所
『新版　アインシュタインを超える　宇宙の統一理論
を求めて』
　ミチオ・カク／ジェニファー・トンプソン　講談社

『宇宙の統一理論を求めて　物理はいかに考えられたか』　　　　　　　　　　　風間洋一　岩波書店

『宇宙と素粒子のなりたち』糸山浩司／川合光／南部陽一郎／横山順　京都大学学術出版会

『超ひも理論とはなにか　究極の理論が描く物質・重力・宇宙』　　　　　　　　　　　竹内薫　講談社

『超ひも理論入門』（上・下）
　　　　　　　　F.デーヴィット・ピート　講談社

## おわりに

　平成6年4月29日、某所へ『交わる波』という題名
で原稿を送りました。

　しかし、まったく理解されず、がっかりした私は、
家の押入れの奥深くへその原稿をしまいました。

　それから長い間、26年間も、その原稿のことは忘
れていました。

　そして近年、大きな地震や台風によって、日本では
大規模な停電が長期間、発生しました。

　停電を解消できる新しい発電機のアイデアにつなが
るのではないかとふと思いつき、先の原稿を、『十字
に交わる波と波は円になる――物理学の最大の夢の統
一理論をつかまえて』と、題名だけ変更して、内容は
26年前のそのままで出版することにいたしました。


　"目覚めた人"が本書を読めば、これまでにない新し
い発電機のアイデアにつながるかもしれません。そう
したら、停電してもまったく困らない世の中になるか
もしれません。

無料で、安全で、大量に、永久に、安定して、地球環境を悪化させないで発電できる発電機のアイデアにつながるかもしれません。

　発電機だけでなく、もっといろいろな発明につながるかもしれません。

　絶滅の危機をくい止める発明につながるかもしれません。

　目覚めた人が安心して全力で研究開発に打ち込めるように、研究開発費用と生活費用を、全滅の危機をくい止めるまで継続して提供するべきだと思います。

早坂好史

## ●自己紹介

早坂好史。昭和33年、戌年生まれ。独身。

## ●攻玉社高校卒業、3年間皆勤賞

15歳のとき、IQ300でした。電車の雑誌の中吊り広告に「IQ300。1問平均50秒で解答」と私のことを書いた記事の見出しが出ていました。しかし15歳の私は、大人の雑誌を買ってはいけないと思い、1冊も買いませんでした。もしも当時の雑誌記事をお持ちの方がいらしたら、ぜひコピーさせてください。お願いします。

## ●日活芸術学院中退、初代生徒会長

私の車いすの父と家族を題材にしたテレビドラマが放送されました。

●27年ぐらい前、私は日本の大企業の製造するレーザー光線よりも10の5乗倍も効率の良いレーザー光線を設計し、組み立て、調整して、高度先端企業や研究機関が集まっている「かながわサイエンスパーク」に納品しました。そのとき、できたてほやほやのピカピカのビルの中

を土足で歩くのは申し訳なくて、私はスリッパを履いていました。

　ビルの1階と2階にある、一般の人でも入れる食堂や、本屋、床屋などのショッピングセンター内をスリッパのまま歩いているところをテレビカメラに撮影され、ニュースで放送されたらしく、「早坂、スリッパを履いて歩き回ってるのかよ」と、知り合いから会社に電話がかかってきました。


●介護タクシー「はやさか」を開業
『車いすに乗せたまま階段を昇降できる介護技術』を文芸社より出版

**著者プロフィール**

**早坂　好史**（はやさか　こうじ）

昭和33年生まれ
攻玉社高等学校卒業
日活芸術学園入学
就職後、レーザー光線などを設計
介護タクシーはやさかを開業
既刊書『車いすに乗せたまま階段を昇降できる介護技術』（2018年
文芸社刊）

十字に交わる「波」と「波」は円になる
物理学最大の夢の統一理論をつかまえて

2020年8月15日　初版第1刷発行

著　者　早坂　好史
発行者　瓜谷　綱延
発行所　株式会社文芸社
　　　　〒160-0022　東京都新宿区新宿1－10－1
　　　　　　　　　電話　03-5369-3060（代表）
　　　　　　　　　　　　03-5369-2299（販売）

印刷所　株式会社フクイン

ISBN978-4-286-21791-8